上海 本帮菜

上海市曹杨职业技术学校 主编

沈思明　任德峰　主审

上海交通大学出版社

SHANGHAI JIAO TONG UNIVERSITY PRESS

内容提要

本帮菜，亦称上海菜，是传统的八大菜系之外的又一独具特色的菜系。为了使本帮菜精湛的技艺以及有名的菜肴能得到传承并发扬光大，我们从本帮菜中精选了 28 道有传说故事的经典代表菜肴，编撰成此书。本书的特色在于不仅仅讲述菜肴的制作技艺，而是首先从传授文化知识的角度入手，增强了本书的文化性与趣味性，再介绍具体菜肴的烹饪法；不仅要教会读者怎样做这些菜，而且充分发掘了这些经典菜肴中的文化底蕴，以增加读者对相关历史文化知识的了解。

本书既可作为烹饪专业学生学习本帮菜的教材，同时也可以作为对本帮菜有兴趣的读者的阅读书籍，还可作为本帮菜研究者的参考资料。

图书在版编目（CIP）数据

上海本帮菜 / 上海市曹杨职业技术学校主编 . — 上海：上海交通大学出版社，2017（2020重印）
ISBN 978-7-313-17932-6

Ⅰ . ① 上… Ⅱ . ① 上… Ⅲ . ① 苏菜 – 介绍 – 上海
Ⅳ . ① TS972.117

中国版本图书馆 CIP 数据核字（2017）第 195979 号

上海本帮菜

主　　编：	上海市曹杨职业技术学校			
出版发行：	上海交通大学出版社	地　　址：	上海市番禺路 951 号	
邮政编码：	200030	电　　话：	021-64071208	
印　　制：	上海锦佳印刷有限公司	经　　销：	全国新华书店	
开　　本：	686mm×1084mm 1/16	印　　张：	13.5	
字　　数：	188 千字			
版　　次：	2017 年 12 月第 1 版	印　　次：	2020 年 10 月第 2 次印刷	
书　　号：	ISBN 978-7-313-17932-6			
定　　价：	59.00 元			

序

如果说饮食是每个生命的基本音符，那么不同国家、不同地域的餐饮特色组成了餐饮文化的华彩乐章，而演奏乐章是每个餐饮人的热情和坚持，这种热情是对历史传承的热爱，这种坚持是对人文关怀的升华。

上海市曹杨职业技术学校是一所建校已有三十多年历史的国家级重点职校，中餐烹饪与营养膳食专业是学校的品牌专业之一，多年来以传承特色菜肴和培养优秀厨师深受企业欢迎。学校与上海市餐饮烹饪行业协会合作，成立上海餐饮国际培训中心（西部）、大师工作室、营养膳食分析室、餐饮业"非遗"文化研究中心、轻餐饮研发中心、海派美食研发中心等机构，充分利用校协双方的优势，提高餐饮行业从业人员的职业素养和技能水平，促进了曹杨职校中餐烹饪与营养膳食专业的建设与发展。

上海市曹杨职业技术学校中餐烹饪与营养膳食专业以本帮菜为核心、海派菜为拓展，通过校协合作完善人才培养模式，弘扬本帮菜别具一格的特色，遵循营养膳食理念，通过大师引领建设一流师资、构建项目课程、创新学习形式，服务行业企业、服务国家一带一路战略，向职业教育一流水平的品牌专业迈进。

《上海本帮菜》凝聚了学校和行业协会合作的心血。本着挖掘、传承和发展上海本帮菜的文化遗产，我们精选了上海本帮菜中有代表性的 28 道菜肴，经过深入调研采访，整理每道菜的典故和制作技法，并选择其中 20 个典故制作水墨动画，读者只要下载上海市曹杨职业技术学校移动学习 APP，在相应的课程中，就可以在移动端观看相应的动画典故，书画并茂相得益彰。本书将出版中文、英文两个版本，以满足国内外读者与厨师的需求，并促使中国厨艺文化走向世界。

本书由上海市曹杨职业技术学校教师集体编写，由上海市餐饮烹饪行业协会餐饮业"非遗"文化研究中心专家审核，既可作为厨艺文化欣赏，也可作为菜肴制作的参考。沈思明、吕九龙、彭军、应曼萍、段福根、任德峰、王景忠、徐寅伟、张喆、胡云燕、潘志恒、缪建华、吴江敏、王珺萩等对本书的撰写提出了宝贵的建议、意见，花费了大量时间和心血进行指导，在此深表感谢。

徐寅伟

2017 年 5 月 18 日

民以食为天

目录

上海本帮菜：
起源·形成·特色及展望

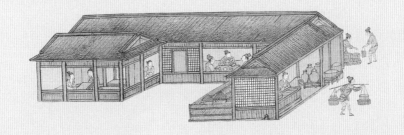

華亭

上海地区早期的村镇当属华亭，历史可上溯至战国时期。唐代天宝十年，华亭升镇为县，淞南已经划分为十三个乡，淞北有五个乡，后来演变成为嘉定和宝山的地方。

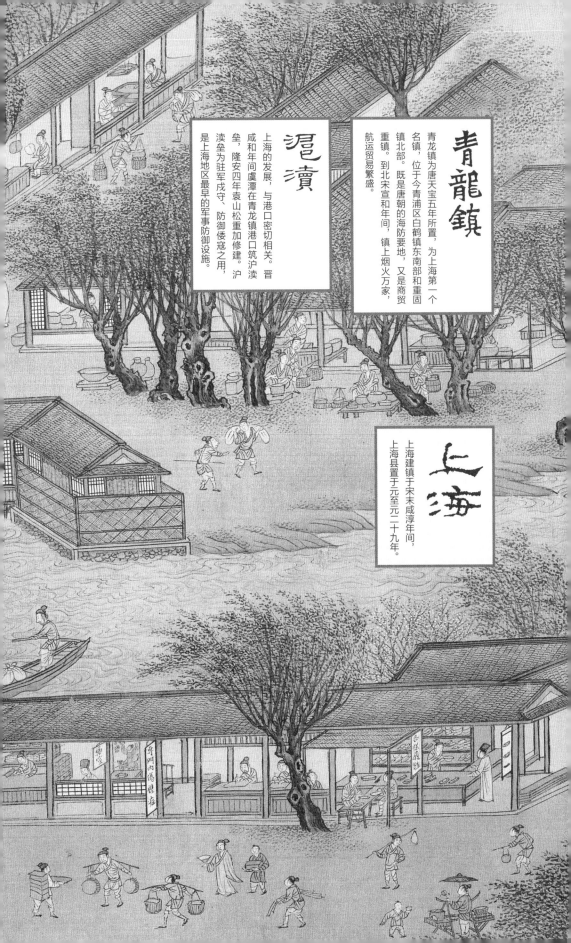

青龍鎮

青龙镇为唐天宝五年所置，为上海第一个名镇，位于今青浦区白鹤镇东南部和重固镇北部。既是唐朝的海防要地，又是商贸重镇。到北宋宣和年间，镇上烟火万家，航运贸易繁盛。

滬瀆

上海的发展，与港口密切相关。晋咸和年间虞潭在青龙镇港口筑沪渎垒，隆安四年袁山松重加修建。沪渎垒为驻军戍守、防御倭寇之用，是上海地区最早的军事防御设施。

上海

上海建镇于宋末咸淳年间，上海县置于元至元二十九年。

　　上海本帮菜（以下简称本帮菜）是具有上海地区特色的菜系。本帮菜是在上海本地菜的基础上，经过唐宋之后创办于街镇上的酒肆、饭店厨师（那些小酒肆的厨师往往就是店主本人）以及在农村中专为人操办婚丧嫁娶、庆生寿辰宴席的"铲刀帮"厨师对食材的初步深加工，不断探索烹饪工艺，经过无数代人的努力，才逐步形成的、具有自身特点的一种菜系。

　　上海开埠后，一部分原本在上海郊区从事烹饪业的厨师进入市区开办酒店、饭馆，为了与来自于外地的苏、宁、杭、广、京、扬、豫、川、湘、闽、潮、回、素食等各地风味相区别，便自称为本帮。并在激烈的竞争中，本地菜馆经营者一方面发挥本地菜的优势及特长，重视利用产于本地的食材及长期形成的烹饪工序，另一方面又主动吸取各派菜系的特长，在 20 世纪二三十年代正式形成了本帮菜菜系。曹聚仁在《锦江饭店》一文中说："本来，天下美食佳味，集中在扬州，到了近百年间，才转到上海来。上海本地，并没有什么特色的菜味，可是，这个吃老虎奶长大的城市，她就吸取全国的精华，加上了海外奇珍，成为吃的总汇。比今天的香港还丰富得多。"说"上海本地，并没有什么特色的菜味"，那是因为曹先生对上海了解得还不够；而说上海"成为吃的总汇"，倒是符合当时的实际情况。在这总汇中，本帮菜尤其值得重视。

　　一件事、一样东西，大凡出了名，之后必然会引起学界的关注，受到研究者的重视，本帮菜当然也不会有例外。

　　在本帮菜的研究中，至今仍存在着一些看法有分歧的问题。我们能够归纳出以下三点。

　　其一，本帮菜形成的基础是什么？曹聚仁《四时新与老正兴》一文谈到："上海建县时间短，开市迟，本身说不上文化传统；明代出洋大码头是浏河，那儿又是大船坞。上海之成为国际市场，迟了四五百年。因此，本帮菜怎样，连上海人也说不出来。在抗战中，上海成为孤岛，忽然盛行起本帮菜来，最老的那一家，便是二马路山东路上的老正兴。菜以红烧的为最好，如秃肺、圈子、腌鲜汤、黄豆汤，还有干切咸肉。这一来，老正兴也就风行一时。胜利后回到上海，只见金城老正兴、大上海老正兴、罗曼老正兴、雪园老正兴，满街可见。老正兴变成本帮菜的代名词了。"曹聚仁认为本帮菜是"忽然盛行起"来的，找不出根源。这一说法并不正确。应当说，本帮菜是在本地菜的基础上发展起来的，而本地菜则历史悠久而源远流长。曹之光《舌尖上的浦东"非遗"》曰："所谓'本帮菜'，是指以浦东三林、高桥地区农家菜为代表，具有上海本土菜肴文化传统，符合本地人口味特点的菜肴派别。"曹之光的说法存在较大问题，混淆了菜和菜系的区别。浦东三林、高桥地区的农家菜具有浦东地区的特色，而本帮菜是在其基础上进一步发扬光大，又吸取了各帮菜系的特点，与上海其他地区的农家菜一起，经过近百年的发展才形成的。按照曹之光的说法，本帮菜难道早在上海开埠前就已经形成了？应琛《本帮菜：舌尖上的上海记忆》曰："上海开埠后，本地菜形成特色，到民国初年，沪上老城隍庙附近，方浜中路、人民路、南京东路、广西路、广东路等大小马路上本帮饭店达数百家。到了清朝光绪年间，一批菜馆开业，有荣顺馆（今上海老饭店，1875 年）、一家春（1876 年）、德兴馆（1883 年）、老协兴（1900年）、同泰祥（1907 年）。"这一说法也有值得商榷之处。"上海开埠后，本地菜形成特色"，难道上海开埠前的本地菜是没有特色的？四鳃鲈鱼是不是本地菜的特色？这里的问题是混淆了本地菜与本帮菜的概念，将两者混为了一谈。探索历史，先说民国初年，再言清朝光绪年间，颠倒了时间顺序，读起来费劲。综上所述，自上海开埠后，本帮菜在本地菜的基础上开始逐渐形成，经历了一个发展过程，这是一个不可否认的客观事实。

其二，本帮菜形成于何时？周三金《上海老菜馆》称："本帮，即上海'土生土长的本地菜'（徐正才《锅台漫笔》），萌芽于宋末元初，发轫于明嘉靖年间，奠基于清康熙年间。1843 年上海开埠后，十六帮别相继盛行，上海本地菜汲取各家之长，渐渐形成了'甜咸适宜、浓淡兼长、清醇和美'的独特风味，被称为'本帮菜'。"此说虽然简洁明了，但是存在不少值得商榷之处。本地菜萌芽于宋末明初，那么之前的上海人难道不吃菜吗？"发轫于明嘉靖年间"、"奠基于清康熙年间"具体指的是什么？也没有文献资料能够充分证实明嘉靖年间与清康熙年间上海菜的区别。仅凭明初上海成为"东南名邑"一句话难以得出本地菜发轫的结论。

周彤《本帮味道的秘密》的观点与周三金明显不同："'本帮菜'这个概念是清末上海已经比较发达时才有的，相对于蜂拥而至的各种'客帮'风味，那会儿所谓的'本帮'其实差不多就是本地的乡下风味。上海郊区有三个厨师之乡，它们分为是三林塘镇、川沙镇、吴淞镇。""开埠前的上海，其实只是一个人口 20 万左右的县城。这种经济规模不大可能形成自己独特的文化性格，如果没有强有力的引导，它大概也不能形成独特的餐饮风格。""而作为后生晚辈的上海本帮菜则可称为'市肆菜'。自 1843 年上海开埠时起直到上世纪三十年代，短短不到一百年的时间，本帮菜就已经走向了成熟。""如果说'本帮'即'本地'，那么上海这个城市只有140 多年的历史，这个'本地'指的又是什么时候的'本地'呢？"

周彤的说法要比周三金的观点言之成理。不过也还存在若干值得商榷之处。首先，上海郊区很大，远远不止三个厨师之乡。其次，"如果说'本帮'即'本地'，那么上海这个城市只有140 多年的历史，这个'本地'指的又是什么时候的'本地'呢？"文章中的回答也不确切。从时间上来说，"上海这个城市只有 140 多年的历史"，但是，上海地域的存在已经有了二千多年的历史。本帮菜的基础自然也应当有二千多年了。

知名美食家沈宏非在《中国海派美食》的序言里提出了一个观点："上海菜的第一个百年，最终逐渐形成了一个面目并不十分清楚的、略显勉强的'以上海本地人的味道为基础，加上浙江、苏锡'的所谓'本帮菜'。""改革开放之后，上海菜迎来第二次大融合。……到目前为止，其取得的一个最重要也是最意想不到的成果，是一向形迹可疑、身份暧昧的'上海菜'，自上海开埠以来第一次被坐实。"这一说法也值得商榷。自上海开埠至 1949 年，经过近 100 年的发展，应当说本帮菜已经形成了，如果要说直待改革开放之后，上海菜迎来第二次大融合之时才得到坐实，那就将本帮菜形成的时间推迟了几十年，不符合实际情况。一种菜系是否成立，由谁说了算？专家、政府机构和广大食客。从这三方面来说，都给出了本帮菜在 20 世纪二三十年代已经形成的结论。而且，现在本帮菜中的经典菜肴也都是在 20 世纪二三十年代创出并流传下来的。

其三，本帮菜的特点是什么？曹之光《舌尖上的浦东"非遗"》曰："经过近百年的磨砺与发展，本帮菜肴烹饪技艺已经形成了许多自己的特点：浓油赤酱，口感淳厚。烹调方法多以红烧为主，卤汁渗透到菜肴的内部，特别入味，一口下去，浓郁鲜美，甘腴甜润。崇尚本色，乡土风味。本帮菜具有乡土气息，崇尚原汁原味、自然本色，如常见菜式秃肺、圈子就具有就地取材、价格低廉的特点。"周三金《上海老菜馆》称本帮菜的特点是"甜咸适宜、浓淡兼长、清醇和美"。但是，周彤反问道："中国哪几个菜系没有几只'咸淡适中、保持原味、醇厚鲜美'的名菜呢？即使是个性特色极为鲜明的川、湘菜系中，也有许多名菜是符合这个特征的。"其实，本帮菜的烹调方法以烧、生煸、滑炒、蒸、煮为主。浓油赤酱最多只能算是本帮菜中的一种烹饪方法，我们能够列举出很多不是浓油赤酱颜色的菜肴。倒是曹聚仁说得较为正确："菜以红烧的为最好，如秃肺、圈子、腌鲜汤、黄豆汤，还有干切咸肉。"当然，烹调是极为复杂的技艺。即以烧而言，又可细分为干烧、软烧和红烧三种，需要经过两种或两种以上的加热方式才能完成，在操作时，通常为旺火烧开、中小火烧透、大火收汁三个阶段。

由于在本帮菜的研究中，诸家的看法不一致，因此，有必要就此展开讨论，厘清一些问题，这对于本帮菜的研究及促进本帮菜的发展无疑是有利的。

一、起源

虽说本帮菜的正式形成、打响牌子是在 20 世纪二三十年代，但是作为其基础的上海本地菜的起源却一直可以上溯到先秦，历史悠久而源远流长。

当然，现在所属上海的区域在漫长的历史时期中并非以上海（为了叙述的方便，仍以上海一词来指称）作为地名。上海地区早期的村镇当属华亭。有的书上说华亭是春秋时代"吴王寿梦所筑"，但是尚未有确信资料证实。史料记载，周元王三年（公元前 473 年）越勾践灭吴，显王三十五年（公元前 334 年）楚威王灭越；威王儿子楚怀王时，"私吴越之富，而擅江海之利"，上海已是楚国的属地。之后，上海成为黄歇封邑的一部分。秦置会稽郡，郡治在吴城，上海地区已成为陆地的区域，包括今嘉定、青浦、松江、金山县全境和上海、奉贤西部，分别为刘贾、刘濞封地一部及会稽郡属。秦代又置疁县，其东境属今天的嘉定、宝山区界，有人认为嘉定区至今还有一个以嘟为名的嘟城乡就是从秦朝留传下来的。《三国志·吴志》始载孙权封陆逊为华亭侯。东汉分浙西为吴郡，会稽郡治移到今绍兴，上海地区成为吴郡属下的娄县、由拳、海盐三县地。

唐代天宝十年（751年），华亭升镇为县，淞南已经划分为十三个乡，淞北有五个乡，后来变迁成为嘉定和宝山的地域。据《祥符图经》和《元丰九域志》记载，在华亭县以西及西北有修竹、集贤、华亭、海隅四乡；以东及东北有新江、北亭、高昌、长人四乡；西南有胥浦、风泾二乡；南及东南有仙山、白砂、云间三乡。淞北的五乡为春申、安亭、临江、平乐及醋糖。这些乡都设有进行物资交流的集市。宋室南渡，北方人民大批随之南迁。为安置移民，朝廷准许"疏导湖浸，开垦滩涂，免三年租税"。于是，上海地区人口骤增。从南宋初起迄于元代，又出现了一批村镇。如莘庄、萧塘、吴会、周浦、黄渡、乌泥泾、陶宅、吕港、泗泾、唐行、真如、钱门塘等等。

浦东地区一些村镇的历史也很悠久。周浦镇最初隶属于昆山县；唐天宝十载（751年），隶属于华亭县，元至元二十九年（1292年），隶属于上海县。新场镇成陆于唐中期，距今1300年，由于当时新场属于沿海地区，海防任务较重，唐朝专门派兵驻守。明代是新场镇最为繁荣的时期。当时，这里不仅极为兴旺发达，税赋已列居两浙诸盐场之首，而且由于全国各地盐商云集于此，也给这里的商业带来了空前的繁荣。当时的新场镇上"歌楼酒肆、商贾辐辏"、"市集繁盛"、"大小商店通镇约三百"，同时，"人文蔚起"，此时的新场镇已居南汇地区各集镇之首。

上海的发展，与港口密切相关。晋咸和年间（326—334年）虞潭在青龙镇港口筑沪渎垒，隆安四年（400年）袁山松重加修建。沪渎垒为驻军戍守、防御倭寇之用，是上海地区最早的军事防御设施。南朝梁简文帝《吴郡石像碑》曰："吴郡娄县界，松江之下，号曰沪渎。"《古图经》上有"沿松江、下沪渎"的文字标记。渎之本义为"江凡独流入海者"。唐诗人皮日休《沪渎》："全吴临巨溟，百里到沪渎。海物竞骈罗，水怪争渗漉。"这里的沪渎明显为地名。《吴郡记》的说法略有不同："松江东泻海，而灵怪者曰沪海，亦曰沪渎。"所谓灵怪者，指的是海产水族、鳞介之类。直至南宋嘉定十四年（1221年）王象之撰《舆地纪胜》，仍称此地为沪渎。

青龙镇为唐天宝五年所置，其名来源，刊于北宋元丰七年（1084年）由苏州人朱长文所撰的《吴郡图经续记》曰："昔东吴孙权造青龙战舰，置于此地，因以名之。"光绪《青浦县志》亦曰："青龙镇在青龙江上，天宝五年置。"为上海第一个名镇，位于今青浦区白鹤镇东南部和重固镇北部。因居沪渎之口，控江（松江，今吴淞江）连海（东海），江面宽达10公里，从上海到苏州、松江的海船都经此江出入。青龙镇既是唐朝的海防要地，又是商贸重镇。到北宋宣和年间，青龙镇辖区建有三十六坊、二十二桥、三亭、七塔、十三寺，镇上设有官署、学校、酒务、茶楼、酒肆等，烟火万家，航运贸易繁盛，被称之为"小杭州"。南宋以后，由于吴淞江淤塞，青龙镇繁荣不再，航运贸易中心遂移至今十六铺、小东门一带。

上海一词最早出现于何时？这个问题虽非本帮菜研究的内容，但是与溯源本帮菜的形成有一定关系，所以也有略作探索的必要。

清嘉庆年间由著名地理学家徐松从《永乐大典》中辑出的宋代官修《会要》之文——《宋会要辑稿》记载："秀州，旧在城及青龙、华亭……上海……十七务，岁十万四千九百五十三贯，熙宁十年，租额一十一万七千八百九贯七十三文。"所谓务，是一个征税的贸易场所。成书于南宋绍熙四年（1193年）的《云间志》载："上海浦，在县东北九十里。"这里的县指华亭县城，地址为今松江城厢镇，东北九十里大致上是今天的上海老城厢附近。嘉庆《上海县志》载：

"宋初诸番市舶直达青龙江镇，后江流渐隘，市舶在今县治处登岸，故称上海。"说明了沪渎的兴衰和上海得名的由来。谭其骧在《上海得名和建镇的年代问题》一文中指出，上海建镇于宋末咸淳年间，上海县置于元至元二十九年（1292 年）。

虽然上海开埠之前的历史记载较为简单，发展相比较内地城市来说比较缓慢，但是，人要生存就要吃饭。《史记·郦生陆贾列传》："王者以民人为天，而民人以食为天。"这是民以食为天一词的最早出处。但是，其理念早在先秦就已出现。《孟子》曰："食色，性也。"《礼记》曰："饮食男女，人之大欲存焉。"凡是人生，离不开两件大事：饮食、男女。一个是食物的问题，一个是性的问题。但是若将两者作一个比较的话，则食居于前。食是人维持生命的基础，也是人的一种生理本能需求。因此，吃是人类最大之事。

人类之食物，并不单指被称为五谷的粮食，还应包括五果、五畜和五菜，四者一起构成为人类的食谱。日常生活中不可缺少。《黄帝内经·素问》曰："五谷为养，五果为助，五畜为益，五菜为充。"五畜通常指牛、犬、羊、猪、鸡等禽畜肉食，多为高蛋白、高脂肪、高热量，而且含有多种氨基酸，是人体正常生理代谢及增强机体免疫力的重要营养物质，能弥补五谷营养之不足，是平衡饮食食谱的主要辅食。五菜指葵、韭、薤、藿、葱等蔬菜，均含有多种微量元素、维生素、纤维素等营养物质，有增食欲、充饥腹、助消化、补营养、防便秘、降血脂、降血糖、防肠癌等作用，对人体的健康十分有益，在食谱中不可缺少。

而且，一旦食物满足了人的基本生存要求，人自然会有追求和希望美食的欲望。这也是人的一种本能。"食不厌精、脍不厌细"，圣人尚且如此，况凡庸乎？《孟子》曰："鱼，我所欲也，熊掌，亦我所欲也；二者不可得兼，舍鱼而取熊掌者也。"为什么孟子取熊掌而不取鱼，道理很简单：熊掌珍贵而味美。《左传·宣公四年》载："及食大夫鼋，召子公而弗与也。子公怒，染指于鼎，尝之而出。"因未尝到鼋羹之味，公子宋竟然在国君面前将食指伸入鼎中蘸食鼋羹后拂袖而去，虽然有恼羞成怒的成分，但也说明了人性好吃。

　　由于上海独特的地理环境和四季分明的气候，物产丰富、独具特色，一部分菜肴早已闻名全国。历史上，松江之四鳃鲈鱼很早就博得了"东南佳味"、"江南名菜"的美誉，被称为第一名鱼，又与黄河鲤鱼、松花江鲑鱼、兴凯湖鲌鱼一起被誉为我国四大名鱼，自魏晋以来，即为名产，文献中多有记录。《后汉书·左慈传》载：（左慈）"尝在司空曹操坐，操从容顾众宾曰：'今日高会，珍羞略备，所少吴松江鲈鱼耳。'放于下坐应曰：'此可得也。'因求铜盘贮水，以竹竿饵钓于盘中，须臾引一鲈鱼出。操大拊掌笑，会者皆惊。操曰：'一鱼不周坐席，可更得乎？'放乃更饵钩沈之，须臾复引出，皆长三尺余，生鲜可爱。操使目前鲙之，周浹会者。"《世说新语·识鉴》载："张季鹰辟齐王东曹掾，在洛，见秋风起，因思吴中莼菜羹、鲈鱼脍，曰：'人生贵得适意尔，何能羁宦数千里以要名爵！'"并写下《思吴江歌》一诗："秋风起兮佳景时，吴江水兮鲈鱼肥。三千里兮家未归，恨难得兮仰天悲。"遂命驾便归。因为思念家乡的莼菜羹、鲈鱼脍，竟然不惜弃官而去，成为官场的一段佳话。此后，莼鲈之思就成为思乡或当官者告老还乡的常用语。四鳃鲈鱼从隋朝开始成为松江府的贡品之一，《南郡记》载，隋炀帝品尝后赞道："金龙玉脍，东南佳味也。"黄霆《松江竹枝词》"玉脍金齑嫌太贵，郎携白蚬荐春盘"作者自注："隋帝曰'金齑玉脍，东南佳味。'"唐朝年间及之后的一段时间，松江秀野桥一带是松江的闹市地段，烹饪四鳃鲈鱼的酒店也云集于此，相传乾隆曾在此品尝四鳃鲈鱼，并赐"江南第一名鱼"的题词。从此，松江四鳃鲈鱼享誉天下。至于文人诗词之中，赞美松江鲈鱼美味的记录就更多了。白居易诗"水鲙松江鳞"；罗隐诗"鲙忆松江满箸红"；杨万里《松江鲈鱼》诗："买来玉尺如何短，铸出银梭直是圆。白质黑章三四点，细鳞巨口一双鲜。"宋代孔平仲《孔氏谈苑》记载："淞江鲈鱼，长桥南出者四鳃，天生脍（细切鱼）材也。"每逢贵客上门，就用鲜活的鲈鱼切成细小的鱼片或鱼丝，装盘上桌，作为珍馐款待客人。

沪渎、青龙镇、上海镇、上海县的相继建立，促进了上海地区酒肆、饭店的建设，以适应招待四方来宾、客人的需求。于是日常的农家菜进入饭店、酒肆之中，出现了专门从事烹饪之人，以厨艺为其职业，促进了食材的深加工和餐饮业的发展。明末上海曾羽王撰《乙酉笔记》曰："余七八岁时，为万历四十六七年。海味之盛，每宴客必十余品，且最美如河豚，止五六分一副耳。"屏山主人《松江院试竹枝词》："呼朋结队吃悬东，个个新公未脱空。出水鲈鱼烧嫩笋，香醪另卖状元红。"记载了一群读书人结束考试之后，好不容易卸下了心头沉重的担子，一起来到酒店里大吃一顿，点的第一道菜就是春笋烧鲈鱼。可见，这道菜当时已成为松江地区酒馆、饭店的招牌菜，享有盛名。此外，清末年间文献所记载的专门在上海农村专门替人操办婚丧嫁娶、庆生寿辰等家宴和村宴的"铲刀帮"，由于文献的缺乏，至今我们尚未知其起源于何时，但是从上海地区人口逐渐增多、民间的需求来看，应当已有相当悠久的历史。从事这项职业的虽然是土厨师，但是，厨艺作为他们的谋生职业，应当在农家菜的基础上有所发展，菜品大大增加，烹饪讲究工艺和造型。

上海浦东地区的农家菜在长期的发展中已形成了自己的特色。明清时期浦东高桥一代已有"四盆六碗"的说法。民众的家宴和逢年过节招待亲友大都采用这种规格。四盆为四冷盆：白鸡、白肚、爆鱼和皮蛋肉松等四样，也有用海蜇头或油爆虾调整的。六碗为六道热菜：红烧肉、红烧鱼、红烧鸡或红烧鸭，再有咸肉水笋和大白菜炒肉丝等，汤为至今还为人们津津乐道的肉皮汤。当然，"四盆六碗"只是普通的宴席，档次并不高。大户人家办宴席招待客人，就会关照厨师增加分量、提高档次，规格为"四双拼、八大碗"，八大碗热菜包括全鸡、全鸭，同时外叫饭店有名厨师来掌勺。

浦东三林地方早在元明时代就已形成了具有当地特色的餐饮文化，并且在实践中逐渐发展出了"林家菜"、"储家菜"、"赵家菜"、"张家菜"等著名的私房菜。逢年过节、婚事庆典，当地民众都要摆酒设宴，邀请"铲刀帮"前来烧菜，于是一批当地特色菜脱颖而出，尤以"老八样"声名远播。"老八样"指的是本帮扣肉、咸肉扣水笋、扣鸡、本帮蒸三鲜、红烧鳊鱼、扣三丝、小葱肉皮、扣蛋卷这八道菜，是宴请客人时桌上必有之菜。

清初，上海县已成为拥有24万人口的中等城市。当时的十六铺是上海最早的商业区，土布店、盐行、菜馆、茶馆、戏院林立，仅阳朔路一地就有六七家菜馆，是上海最热闹的地区。

上海菜食材多产于长江三角洲。在长期的历史发展中，上海地区的烹调擅长红烧、生煸、油炸以及糟味，具有原味醇厚、色深红亮，口味适宜等特点。

可以这么说，本帮菜是在上海本地菜的基础上发展起来的，历史悠久。而上海本地菜，不仅仅浦东有，嘉定、松江、金山等地方都有。当然，从对本帮菜形成做出的贡献来说，上海浦东更为重要，因为那里的厨师从乡村走进了市区，并且培养了大批厨师，在市区开办了许多饭店、酒楼，对于本帮菜的形成所发挥的作用更大。

二、形　成

1843 年，上海开埠。一些外国资本家和冒险家踏进了上海，投资创办了最早一批外资工厂，中国官僚资本也创办了江南制造局、上海机器织布局等近代企业，随后，民族资本家也纷纷在上海创办民族工业，上海的近代工业开始进入快速成长时期。至 1911 年，上海已经是我国纺织、织布、缫丝、毛织、制革、制纸、火柴、面粉加工、造船等行业的中心，十六铺是当时中国最大的商业码头，也是世界著名贸易口岸，上海的经济得到了迅速的发展。

唐振常《乡味何在》指出："资本家不能创造饮食文化，但是，发达的商业社会最能引进各地饮食，商业社会愈发达，引进愈丰富；饮食文化必得以提高。旧时上海，就是典型。"上海饮食业的发展和本帮菜的发展、形成证明了这一理论是正确的。

开埠前，上海的酒店、菜馆并不多，多由本地人开设，规模也较小。但到 1880 年，沪上已有本地菜馆近二百家。较有名的菜馆先有人和馆、泰和馆、鸿运楼，后有荣顺馆、一家春、德兴馆，主要烹制干切肉丝、炒肉丝、炖腌鲜、红烧鱼、三鲜汤等菜肴。各地饮食业经营者也竞相来沪开设菜馆。到 1905 年，除了本地菜馆外，沪上已出现了徽、宁、广、锡、苏、京、扬、豫等多种地方风味的菜馆。

促使本帮菜发展和形成有诸多因素。

其一，由于城市工业和经济的发展，人口的增多，给本地厨师提供了极好的创业和发展机会。与十六铺隔江相望的三林塘镇，本来就是厨师之乡，稍远的高桥镇、川沙镇、吴淞镇等地厨师们也纷纷离开家乡，来到市区在马路旁摆个小饭摊，或租门面开个小饭店，大多经营价廉物美的饭菜，如四喜肉、酱汁排骨、炒肉豆腐、炒鱼粉皮、红烧大肠、黄豆汤等等，食客主要是下层打工者。本地厨师由乡村进入城市，为他们今后事业的发展迈出了第一步，也使得本帮菜的发展和最终形成成为了可能。只有当他们积累了一定的资本，才有可能开办规模较大的饭店和酒楼。

其二，民国年间，各地菜系以及本帮菜系的形成和中国社会形态的变化也有密不可分的关系。三毛在《美食共和与袁大总统的偏口》一文中指出："民国建立，民主和自由成为社会主流，告别清代的专制和禁锢，在这个大背景下，民国之后，宫廷菜的独特性、禁忌性和至高无上性，都逐渐黯淡了下来。宫廷厨师、官宦家厨和大家族的厨师流落民间，或者自己开饭店，或者到新的富户和权贵家中做厨师。这是一个美食大交融，宫廷菜、贵族菜大众化的过程，大大推动了美食的繁荣和发展。"宫廷厨师、官宦家厨流落到民间开饭店，大大提高了烹饪技艺，直接或间接促进了本帮菜的形成。

其三，资本家在经营工厂中赚了钱，他们开始追求美味佳肴的享受，同时招待客人也要讲究排场，这样，对酒楼、饭店提供的菜肴提出了更高的要求：既要品种多，有挑选的余地；又要讲究色香味形俱全。这就逼迫饭店、酒楼的经营者不能再如以前那样只是烹饪价廉物美的家常菜，而是需要不断提高厨艺，对食材进行精加工，要求有新的创意，吃出新的滋味。台湾美食家唐鲁孙在《吃在上海》一文中说："上海自从通商开埠，各地商贾云集，华洋杂处，豪门巨室，有的是钞票，但求一恣口腹之嗜，花多少钱是都不在乎的，于是全国各省珍馐美味在上海一地集其大成。真是有美皆备，只要您肯花钱，可以说想吃什么就有什么。"

其四，由于上海经济的发展，吸引了其他地区的商人、实业家到上海投资，他们希望能够在远离家乡的上海吃到家乡菜。为了满足这部分食客的需求，当然更重要的是其他菜系的厨师看到了开埠后的上海存在着巨大的商机，也不远千里来到上海创办菜馆。1948

年出版的《上海市大观》这样描述当时的情景："上海地方有着各省各地的人，在吃的一方面，也具着各色各样的口味，所以饮食馆子也分着派别。各有各的特色，各有各的不同。"最先进入上海的是安徽菜馆，他们的拿手菜是炒鳝背、炒腰花、走油拆炖、煨海参等。当时著名的徽帮馆有老醉白苑、中华楼、大酺楼、七星楼、鼎新楼、大中楼、其翠楼、大中国和徽州丹凤楼等。苏州、无锡毗邻上海，苏锡菜向以"船菜"著称，"比较精细，只是甜味稍重"。由于苏锡帮菜肴的口味与上海本地菜相近，加上苏州人和无锡人迁居沪地者甚多，因而苏锡帮菜馆总是食客盈门，格外受到欢迎，发展极快。民国年间，大鸿运、大加利、东南鸿庆楼、老松顺等一大批苏州菜馆也相继在沪开业。到20世纪30年代，苏锡菜馆已经占到上海菜馆的半数以上。

此外，老上海较有名气的其他地方风味菜馆还有：镇江、扬州风味的老半斋、新半斋、绿杨邨，广东风味的杏花楼、新雅粤菜馆、大三元、美心酒家、新亚大酒店、京华酒家、红棉酒家、翠绿居，北京风味的会元楼、会宾楼、同兴楼、益庆楼、新新楼、悦宾楼、国际大饭店、燕云楼、凯福饭店，河南风味的厚德福、梁园致美楼，宁波风味的甬江状元楼、老同花楼，杭州风味的知味观，四川风味的梅龙镇、聚兴园、小有天等，还有洪长兴、南来顺等清真馆。西餐在晚清也进入了上海，20世纪三四十年代盛行一时，1949年前夕，遍布全市的西菜馆、店达上千家，仅在外滩及附近外商银行、洋行集中的地方，西餐馆就多达上百家，老闸北一带，西餐厅也沿街毗连，食客络绎不绝。

不同菜系的菜馆、酒店的创办，带来了各派菜系的经验和特长，相互交流和学习，有利于本地菜厨师的借鉴和学习，促进了本帮菜的形成。"'上海口味'也正是糅合了徽、锡、苏、扬、甬等相似的江南风味后的一种'中庸'的产物。"从具体菜肴看来说，八宝鸭就是上海老饭店借鉴苏帮菜八宝鸡烹制而成的名菜。有部分本帮名菜甚至是由本地餐馆聘请来的外地厨师在上海最早烹制出来的，譬如：烤麸是由宁波天童寺素斋的当家主厨马阿二被聘请到上海功德林后开发出来的新食材，小绍兴白斩鸡就是由从绍兴逃难到上海谋生的章润生最早烹制出来的，若当初没有义昌海味行和久丰海味行的老板免费提供大乌参给德兴馆，可能就不会有今天的虾籽大乌参这道名菜，油爆虾、炒蟹黄油则是源记老正兴有意识地将锡帮菜风味进行本地化改造的产物，而厨师曹金泉是上海人，又在无锡菜馆做过大厨，既熟悉上海本地菜的特点，又了解无锡菜的优势，于是将两者的长处融为一体。由此可见，本帮菜在发展和形成的过程中，吸取和借鉴了各帮菜系的特点，而来自于各地的厨师也为本帮菜的形成做出了巨大的贡献。

其四，各帮菜系云集上海，创办饭店、酒楼，在加强了互相交流、借鉴的同时，也形成了巨大的竞争，这逼迫上海本地菜发挥原有的优势，并且不断创新、开发新品种，或对原有菜肴进行深加工，否则就无法在激烈的竞争之中求得生存与发展。正是在这种巨大的压力之下，本帮菜经营者和厨师化压力为动力，想方设法开发新品种，采用新的烹饪工艺，使得菜肴的色香味形俱佳，形成了一批流传至今的经典菜肴。

在上述四种主要因素的影响下，20世纪二三十年代，本帮菜正式形成。虽然没有名列八大菜系之列，但是却得到了社会的公认，并且名扬海内外。40年代香港仿名上海开设了一家德兴馆，菜单上就有虾籽大乌参的菜名。

本帮菜正式形成于20世纪二三十年代，我们可以从三方面证实这一结论。

首先，出现了本帮菜的名店，规模大、供应的菜肴齐全而具有本帮特色，占有了相当的市场份额。随着中外客商云集，给上海的饮食业带来了巨大的商机。出现了数量众多的本帮菜馆，名店主要有老人和馆、泰和馆、老荣顺馆、德兴馆、德源馆、一家春、老正和馆、源和馆、同泰祥、鸿运来、同馥馆、合兴馆、花园村饭店、老隆兴菜馆、吴淞饭店等。

老人和馆初名人和馆，其名源自《孟子·公孙丑下》："天时不如地利，地利不如人和，"约在 1800 年前后由几位上海本地老板合伙出资创办，原址在老城厢小东门内方浜路旁的馆驿西弄。由于地处商业繁华之地，生意兴隆，在老上海颇有名气，约于 1938 年迁至法租界八仙桥恺自迩路继续营业。《光绪上海县志序》称："本帮而外，若京、苏、徽、宁各帮皆较奢靡，今则无帮不备。月异日新，即盛馔器往往舍簋用碟，步武欧风……本帮见存者仅邑庙'人和馆'一家，开设垂百年，至今犹略存古朴云。"人和馆出了名，不久有刘姓老板也开出了一家店名相同的人和馆以招揽食客。这种在今天看来不合法的行为，在旧上海却广为流行。最终两店为了店名闹上了法院。经法院判定：1800 年创办的人和馆时间在前，就叫老人和馆，后开者就叫新记人和馆，调和了稀泥。老人和馆以烹调本帮菜和擅制河鲜见长，并把民间的糟菜法发展成为糟卤菜，如用糟腌青鱼，制成糟香浓郁、肉白肥嫩、卤汁深红的青鱼煎糟特色菜，形成了独有风味的糟卤菜系列。

荣顺馆创办于 1875 年，创始人为浦东川沙人张焕英。他从乡村进了城，在当时的上海县城新北门内的香花桥租了间小铺面，办了家名叫荣顺馆的小铺子。主要烹制红烧肉、炒鱼块、炒猪肝、豆腐汤、黄豆汤、红烧大肠、酱肉豆腐、咸肉百叶、肠汤粉线等价廉物美的菜肴，服务对象主要为黄包车夫、码头工人和普通市民。20 世纪 30 年代，荣顺馆迁至老城隍庙旧校场街西侧校场街，店铺也扩展到了两层。张焕英病逝后，张福生继承祖业，并开发出了一批新的招牌菜。由于生意特别红火，上海滩又冒出了一家荣顺馆，于是张福生就将店名改为老荣顺馆，以示与仿冒者相区别。可是食客嫌老荣顺馆叫起来不顺口，干脆称之为老饭店，没想到竟然在上海滩叫出了名，于是就有了"吃饭要去'老饭店'"的说法。抗战胜利后，沪上食客大增，老饭店又开发出了不少新品菜肴。1978 年，该店迁至福佑路242 号现址，恢复上海老饭店店名重新营业。

一家春酒馆创办于 1876 年，后更名为一家春菜馆，今名为上海德兴馆，由厨师金阿毛集资开设，原址在老城厢小东门外大街 151 号。金阿毛擅制本帮菜，他既当老板，又当厨师，每一道菜都由自己烹制。约在 20 世纪三四十年代，一家春酒馆搬迁至小南门中华路 622 号营业。如果说 40 年代的老荣顺馆和德兴馆是以经营本帮中高档名菜而名扬沪上，一家春酒馆则以经营本帮大众特色菜而闻名南市，其中有三四十种为本帮特色菜，形成了别具一格的特色。

德兴馆原由建筑商万云生创办，开业于 1883 年，原址在南市十六铺附近真如路洋行街，后迁至东门路。当初只是家弄堂式的小店，经营经济实惠的家常菜。后来店铺规模扩大，经营业务日益增多，增加了各色炒菜和酒菜筵席。20 世纪 30 年代，德兴馆由钱庄老板吴丙英任经理，扩建后以经营上海风味炒菜为特色。酒店楼下经营大众菜，接待一般顾客；楼上则设雅座，提供高档菜肴，招待贵宾。30 年代，曾有"要吃本帮菜，就到德兴馆"的说法。政界要人、社会名流和电影明星经常在这里招待客人。海上闻人杜月笙就常来德兴馆，他最钟爱炒圈子与糟钵头；鲁迅常请外地的朋友到此吃饭，以品尝上海正宗的风味菜。周信芳、白杨、赵丹等许多著名人士，都曾经前去品尝店里的特色名菜；宋子文、孔祥熙、汤恩伯、顾祝同、胡宗南、杜聿明、蒋经国等也曾经是这里的座上客，或在这里设宴招待客人。台湾美食家唐鲁孙在《吃在上海》一文中评价说："谈到上海本帮餐馆，真正够得上代表本帮风味的，恐怕要属小东门十六铺的德兴馆啦。因为馆子靠近鱼虾集散市场，所有下酒的时鲜，血蚶、活虾、海瓜子，都比别家菜馆来得好。"德兴馆菜肴以烧、炖、炒、烩、炸见长，原汁原味，入口醇香，在本帮餐饮界有着"本帮元祖"之美誉。

老正兴菜馆创办于1862年。当年宁波人祝正平、蔡任兴来到上海合伙开菜馆，于姓名中各取一字命名为正兴馆。他们聘请了无锡大厨，所以在很长一段时期里，正兴馆以锡帮风味著称。不久，店主为了在上海闯出一条新路，开始探索融合当时风行于上海的本地风味、安徽风味与锡帮风味，对本帮菜特色的形成发挥了极大作用，并烹制出了青鱼秃肺、炒圈子、汤卷等本帮名菜。正兴馆擅长烹制河鲜，四季菜肴各有特色，成为上海有名的餐馆。孰料，有曹金泉和范炳顺两人步他俩的后尘，也开了家正兴菜馆，经过一番改名之争，两家各自挂出了同治老正兴、源记老正兴的牌子。店名争议刚尘埃落定，无锡人夏连发在附近开了家正源馆的小菜馆，菜单则照搬同治老正兴和源记老正兴。不久，南京路开始改造，正源馆搬了场所重新开店，不料客人稀少，渐至亏本。夏连发考虑再三，租下山东路330号，开了家更大的菜馆，并将店名改为老正兴馆。夏连发过世后，儿子夏顺庆承继父业。他重金聘请名厨，扩大营业，加强经营管理，大力提高菜肴质量，并在静安寺路1235号沧州饭店底层开设了一家雪园老正兴馆作为分店，两家店位居上海闹市区东西，于是总店改名为东号老正兴馆，分店就被称为西号老正兴馆。当时由于正兴馆名气很大，不少饭店经营者纷纷傍名气，到1949年，上海滩上带有各色前缀的正兴或老正兴菜馆竟达120家之多。

新中国成立后，周恩来总理曾两次光临东号老正兴馆。1955 年冬天的一个晚上，周恩来总理、陈云副总理在陈毅市长陪同下，前去就餐。他们品尝了该店的油爆虾、青鱼下巴甩水、青鱼秃肺、红烧甲鱼、虾籽海参等菜肴。周总理对这些菜都十分满意，说，这些都是江南名菜呀，确实与众不同，非常入味，很好！临走时，总理鼓励员工，要好好保持经营特色。他对老正兴的印象深刻，后来直接促成了上海大西洋老正兴馆迁往北京，改名老正兴饭庄一事。

经历了公私合营、"文革"、改革开放的历程，当年的 120 多家老正兴有的停业了，有的合并了，有的迁往了外地，留在上海的却是夏连发创办的老正兴菜馆。这是本帮菜馆中的一段佳话奇事。

同泰祥酒楼创办于 1930 年，店址在今西藏中路 497 号，原名为同泰祥酒店，创始人是崇明人龚同康。创业之初的同泰祥，主要经销崇明老白酒，兼营以鱼、虾、蟹等为食材烹制的一些经济实惠的菜肴。1941 年，同泰祥酒店换了店主，本地人郁金康聘请本帮名厨经营上海风味菜，改店名为同泰祥酒楼。该店在经营中坚持经济实惠、量大质优的营销策略，推出了大白蹄、砂锅大鱼头、全家福、竹笋鳝糊、糟猪脚等菜肴。同泰祥酒楼重视随着季节变化提供不同的时令佳肴，如夏季有爽口的糟钵头，冬季有火锅等。正因为如此，该店总是顾客盈门，生意兴隆。

吴淞镇上的合兴馆由厨师黄宝初联合同乡五人，共集资六百元，创办于 1838 年，以烹制海鲜、河鲜菜肴而著名。该店名菜红烧鮰鱼为本帮菜中的一绝。

有资料显示，1876 年，仅上海小东门到南京路已有上海菜馆一二百家，到 20 世纪 40 年代，全市已有几万个小吃摊。其中，老人和馆、老饭店、老正兴馆、同泰祥酒楼店铺规模大，菜肴各具特色。由此可见，本帮菜馆数量众多，占据了上海饮食业界的半壁江山。

其次，经过百年的发展，不仅本帮菜馆数量众多，形成了特色，更重要的是创出了一大批足以与八大菜系中的最有名的菜肴相提并论，或者说各有千秋的名菜，这是本帮菜系正式形成的重要标志。

俗话说，酒香不怕巷子深。同样的道理，别具风味的本帮菜自然吸引了众多的食客。本帮菜最有名的四大名店是：荣顺馆、德兴馆、老正兴和同泰祥酒楼。这四家店之所以能在本帮菜馆中独占鳌头，就因为这些店有自家的招牌菜。当时，业内有"荣顺馆的禽类、德兴馆的干货、老正兴的河鲜、同泰祥的糟货"的说法。

从某种意义上来说，一种菜系能否确立，最主要的是看其是否有一定数量的经典代表作品，具有自身的特点，能够与其他菜肴的精品相媲美。本帮菜如果永远以价廉物美取胜，是不可能形成一种菜系的。只有那些经典菜肴，才能确立其地位——而这些菜是其他菜系中所没有的。

本帮菜的经典代表菜肴有：鸡圈肉、糟扣肉、八宝鸭、八宝辣酱、干烧鲫鱼、下巴划水、上海红烧肉、小绍兴白斩鸡、火夹鳜鱼、四喜烤麸、生煸草头、瓜姜鱼丝、扣三丝、红烧圈子、红烧鮰鱼、竹笋鳝糊、鸡汤氽鲈鱼、异味爆鱼、油爆河虾、秃蟹黄油、青鱼秃肺、青鱼煎糟、枫泾丁蹄、春笋烧鲈鱼、虾籽大乌参、莼菜银鱼羹、清炒虾仁、腌笃鲜、糖醋小排、糟钵头、红烧黄鱼、红烧头尾、红烧肚档、下巴甩水、炒秃卷，等等。这些经典的上海菜肴，至今还令食客食后回味无穷、赞不绝口。

试举几例。

著名电影艺术表演家白杨品尝了上海老饭店烹制的扣三丝后，撰文称赞道："我在上海居住了好多年，最初对本地名菜扣三丝一无所知，朋友向我推荐，也引不起我的兴趣。有一天，在老饭店吃了这个菜，竟出乎意料之外，猛一看，汤碗中间堆着的红白黄色彩分明，像一个馒头，细看竟是一根根比火柴梗还细的丝，排的齐齐整整，堆砌的圆滚滚的，当挥动筷子，把火腿、鸡肉、冬笋和鲜猪肉的鲜嫩细丝送进嘴里细细咀嚼，又喝着清醇的汤汁，这才觉得风味醇正爽口，咽下肚去还觉得回味无穷，给我留下印象难以忘怀。从此，我不但爱吃这个菜，而且也常向朋友推荐了。"经过白杨笔下惟妙惟肖的描绘，扣三丝的特色油然浮现在眼前：精致而高雅。

1989 年春节，有旅美影星曾到上海老饭店品尝家乡菜，吃了糟钵头后，大为赞赏："真想不到这家乡菜的'糟钵头'味道实在好极了。"

日本著名电影演员栗原小卷的父亲，曾不远千里从日本来到上海老饭店举办寿宴，经常有港澳同胞专程来到老城隍庙品尝老饭店的上海风味。

由此可见，经典的本帮名菜，不会因时代的变迁而改变食客对其的喜爱。其他的菜系当然也是这样。

其三，本帮菜形成的关键是因为有了一大批擅长烹制经典本帮菜的名厨。本帮菜的形成经历了七八十年的时间，并不是一个人或一代人就能成就的，而是经过几代人的共同努力才完成的。在这个过程中，除了个人的努力之外，师承关系也是不可缺少的。

德兴馆的名厨是宝山帮的杨和生，另一位厨师李林根出身于浦东三林，其父亲李华春，为"铲刀帮"名厨；其子为李伯荣，被称之为"本帮菜泰斗"；李伯荣之子李明福也为本帮菜名厨；李明福之子李巍和李悦两兄弟都继承父业，为本帮菜名厨，一个在上海老饭店当厨师，一个在第九人民医院营养科工作，都没有疏忽对厨艺的磨练。上海浦东三林镇如今学习烹饪厨艺者仍然成风，成为著名的厨艺之乡。

源记正兴馆的名厨为曹金泉、范五宝（炳顺）。

合兴馆名厨：黄宝初。

功德林名厨：姚志行、葛兆源、马阿二。

长兴馆由高桥周家浜人周悦卿（小名甘甘）创办于 1903 年。周悦卿的儿子周仁初（别名春林），生于 1908 年，青年时期已经开始接手长兴馆的内外事务，管理生意经营。与其父相比，更有处事超前的创新意识。周仁初走出高桥，到上海的一些大饭店观摩学习，吸收各帮菜肴的烹饪技艺之长。回到高桥后，在菜谱上增添了不少热炒菜，初步创建了一批以本地原产鱼虾禽畜和时令蔬菜为食材的本帮菜。经过 20 多年的经营，长兴馆造就了以周仁初为主的一代著名厨师，他们是刘鸿台、陆志源、俞鸿庆、吴阿根（擅长砧板刀功），成为本帮菜的领军人物，继承并发展了本帮菜的特色。

名店、名菜、名厨三者之间是有相互关系的。有了名厨，才能烹调出名菜，这家店才能发展，成为名店。我们也可以说名店之所以成为名店，是因为有名厨烹制出了经典的名菜。

三、特色

一种菜系的确立，必定有其别具一格的特色。一般来说，这种菜系受到的地理环境、气候物产的影响越大，吸收其他菜系的特点越少，其特色相对来说就比较容易概括。譬如：中国北方多牛羊，常以牛羊做菜；南方多产河鲜、家禽，人们常吃鱼虾、鸡鸭；沿海多海鲜，则擅长用海产品烹制各种菜肴。各地气候差异影响了不同口味的形成。北方寒冷，菜肴以浓厚、咸味为主；华东地区气候温暖，菜肴则以甜味和咸味为主；西南地区多雨潮湿，菜肴多用麻辣浓味。各地烹饪方法不同也形成了不同的菜肴的特色。如山东菜、北京菜擅长爆、炒、烤、熘；江苏菜擅长蒸、炖、焖、煨；四川菜擅长烤、煸、炒；广东菜擅长烤、焗、炒、炸。从味觉上来说，有些菜系的特点容易概括，比如：川菜的特点是辣，苏州、无锡菜的特点是甜，鲁菜擅长以葱香调味。

但是，上海菜的特点是什么？学界的看法并不一致，而且分歧较大，至今尚无定论。

请看几例近年来较为权威、影响较大的说法。

百度定义本帮菜："（本帮菜）是上海菜的别称，是江南吴越特色饮食文化的一个重要流派。所谓本帮，即本地。以浓油赤酱、咸淡适中、保持原味、醇厚鲜美为其特色。常用的烹调方法以红烧、煨、糟为主。后为适应上海人喜食清淡爽口的口味，菜肴渐由原来的重油赤酱趋向淡雅爽口。本帮菜烹调方法上善于用糟，别具江南风味。"周彤《本帮味道的秘密》指出："本帮菜的一大走向，那就是市井气息极为浓郁的一种味道上的上海风格。这种风格后来被人们归纳总结为'浓油赤酱而不失其味，扒烂脱骨而不失其形'。"沈阳《上海掌故集锦》指出："由于各外帮菜馆在上海的发展，使上海菜吸取各帮所长，形成了四大特点：首先是选料新鲜，讲究活杀烹制；其次是品种众多，四时有别；再次是烹调方面，逐渐以烧、生煸、滑炒、蒸为主；第四是口味上变化，由浓汤、浓汁、厚汁为主，变为卤汁适中，有清淡素雅，也有浓油赤酱，夏秋季节，更添糟味，与早期上海菜已有很大不同了。"王鹠翔《高桥与本帮菜》指出："本帮菜是一种产生于上海本地，吸取其它菜系精华逐步形成的菜肴派别，以红烧、生煸、蒸、煨、炸、糟见长，菜式浓油赤酱，滋味浓郁，具有上海本土菜肴文化传统和海派文化特色，是中华众多菜系中的一支奇葩。"周三金《上海老菜馆》指出："当时本帮菜的主要特点是，取用本地蔬菜、鱼虾、家禽和肉类为原料，擅长'红烧'、'生煸'、'煨'、'炸'、'蒸'和'糟'等烹调方法，菜肴量大、质优，汤卤醇厚，保持原味，咸淡适中，尤以色泽鲜红、卤汁浓厚入味、浓油赤酱、肉质肥嫩而闻名沪上。"

　　上述诸位专家所归纳的本帮菜的特点均只是谈到了一部分,尚不全面。浓油赤酱确实是本帮菜的特点之一,但是仅以这四个字来概括本帮菜的特点,有以偏概全之嫌。

　　我们理应对本帮菜的特点做出更为科学和合理的概括。

　　其一,本帮菜是以上海地区所产特色蔬菜、鱼虾、家禽和肉类为主要食材,采用某种独特的烹调方式烹饪成的菜肴。在交通不发达的古代中国,生活于各地区之人多靠山吃山、靠水吃水,就地取材,本帮菜当然也不会有例外。

　　上海地域濒江临海,既是海淡水交汇处,受涨潮力的推动,潮流(主要长江淡水)流入黄浦江补充境内河湖水量;又受长江潮流携带的丰腴有机物质,孕育着浮游生物和滩涂植物,为鱼类提供丰盛的饵料。因此,长江河口自然是各种咸淡水鱼类的栖息、繁殖和索饵肥育的良好渔场,又是洄游鱼类的过境通道;附近区域内陆河湖盛产淡水鱼类,所以,上海地区鱼类资源特别丰富。

　　据统计,上海地区所产鱼类多达一百余种。海鱼盛产鳓鱼、黄姑鱼、白姑鱼、大黄鱼、小黄鱼、蓝点马鲛鱼、带鱼、凤尾鱼、白虾和银鲳等品种。不少鱼类平时生活于浅海或近海之中,到了繁殖季节,由海口游入长江河口或上游产卵,如中华鲟、凤鲚、刀鲚、银鱼、鲥鱼等。

　　青浦湖荡四布,河港交错,与松江并称鱼米之乡。淀山湖面积约十三万亩,有鱼类 42 属 62 种,主要有青鱼、草鱼、鲢鱼、鲤鱼、鲂鱼、鲫鱼、银鱼和鳗鲡等;甲壳类有河虾、河蟹;爬行类有甲鱼、乌龟;贝类有蚬、蚌、螺丝等共六七十种。

　　本帮菜肴中,红烧鮰鱼、鸡汤氽四鳃鲈鱼、银鱼莼菜羹等,用的都是本地特产。四鳃鲈鱼,古来就远近闻名。《续韵府》载:"天下之鲈皆两鳃，唯松江有四鳃。"《松江府志》称四鳃鲈以产于松江秀野桥下为多，已有千余年历史。

上海由于气候温暖、四季分明，开埠之前，在长期的历史发展过程中，主要以农业为主，种植蔬菜历史悠久而品种极多，有塌棵菜、银丝芥、青浦练塘茭白、慈姑、田藕、萝卜、芋艿、青菜、卷心菜、雪菜、芹菜、莴苣、韭菜、辣椒、茄子、番茄、黄瓜、冬瓜、丝瓜、豇豆、毛豆、蚕豆、扁豆、罗汉菜、嘉定白蒜等，松江、青浦一带的莼菜自古闻名。《太平寰宇记》称："华庭出鲈鱼莼菜"，泖湖金泽所出的叫"雉尾莼"，明代文人袁中郎称这种菜特别"青粹柔滑"，是当地人做羹的主料。松江还盛产一种兰笋，那是佘山骑龙堰的名产，放入口中有一股兰花的香味，因此缘故，佘山又称兰笋山。扣三丝中三林老店只用当地所产的冬笋。为什么上海人喜欢肉丝黄豆汤？那是因为用的黄豆是嘉定和南汇特产的牛踏扁黄豆，糯性，煮熟后放入嘴中，舌尖上便能感到浓香异常、鲜美酥软。

上海农民饲养猪、羊、鸡、鸭、鹅等禽畜的历史悠久，而牛肉则吃得比较少。有名的禽畜有：浦东三黄鸡、嘉定三黄鸡、浦东白猪、嘉定梅山猪、崇明山羊、金山区枫泾猪、青浦香猪、青浦湖羊、青浦白鸭、鹌鹑等。有些本地区所产的禽畜是其他地区所没有的，或者是很稀罕的，或者是其他地区并不用作食材的。

本地区特产的食材是构成本帮菜特色的重要要素之一，采用独特的厨艺工序烹制，就成了经典的本帮菜。其他菜系中的黄河鲤鱼、粤菜的选料广博奇异、闽菜的山区特有的奇珍异味、浙菜原料讲究品种和季节时令、徽菜的石鸡、甲鱼、鹰龟、果子狸等都是本地区的特产。当然，特产只是指某地或某国特有的或特别著名的产品，而名菜在强调食材时，还必须讲究烹饪工艺，否则特产是不能成为经典菜肴的。因此，论述本帮菜的特点，烹调工序也是重要的内容。

其二，上海农家菜，或者本地菜并不相等于本帮菜。农家菜，或者家常菜是家家都会做的，我们通常就不归入本帮菜之中。举例来说，毛豆炒咸菜，就不属于本帮菜。为什么这么说呢？其一，全国会烧这道菜的地方太多了；其二，那是家常菜，缺少烹饪工艺特色。清朝上海郊区还有一道菜叫黄莺窜柳，名字充满了想象力，其实就是韭菜炒蛋丝，由于技术含量低，所以也不将其归入本帮菜之列，只是上海农家菜。

本帮菜擅长红烧、生煸、煨、炸、蒸和糟等烹调手法。尤其是红烧工序，经过无数代厨师的努力和专研、实践，通常采用自来芡的加工工艺。所谓自来芡，就是不加芡粉，只是用食材本身和调味料，通过火候的掌控和调节，烹调出一种独特的自然质感和味道来。上海红烧肉、红烧鮰鱼、虾籽大乌参等都具有这一特色：卤汁浓油赤酱紧包裹住成菜，浓稠如胶，馥郁香浓，这才是本帮菜中红烧烹饪手法的境界。因此，以浓油赤酱四个字来简述本帮菜的红烧烹饪特色则可，若将其作为本帮菜烹饪手法的全部，则未免以偏概全。

本帮菜中的糟味菜肴品种多样，糟香浓郁，堪称各帮之最。

生煸也为本帮菜烹饪特点之一。生煸草头是其代表作品。添加适量白酒，使得草头味道香气扑鼻，迥异以往不用白酒者，成为本帮菜中的名菜之一。而且烈火烹油，倒入草头、沿滚热的锅边洒下白酒，沸腾起来形成雾化，锅内即刻飘出飞火。这样，草头才能在最短的时间内均匀受热。上海老饭店的厨师做这道菜，从草头下锅到出锅只有十余秒的时间，这就是生煸的功夫。塌棵菜炒冬笋，也是上海人喜欢食用的一道菜肴，塌棵菜用猛火煸炒，均匀受热，很快煸软。这样做出的塌棵菜炒冬笋入口时能感到有一丝甜味。

其三，本帮菜用料讲究，刀工精细。上海老饭店总经理兼总厨，本帮菜第四代传人任德峰告诉记者，上海老饭店"本帮菜肴传统烹饪技艺"集中体现了本帮菜在选材上四季分明，选料精细的特点。

本帮菜用料特别讲究质量。蔬菜要求鲜嫩，鸡鸭鹅鱼要活杀，干货要求当年产、气味芳香。20世纪二三十年代上档次的本帮菜馆店内都设有活鱼池，养着甲鱼、青鱼、河虾、河鳗等水产品，可供食客随意选择，当场活杀，现烹现吃。白斩鸡要用浦东特产三黄鸡，扣三丝只用三林本地所产的冬笋，红烧鲴鱼只用春鲴或秋鲴。上海老饭店在烹制菜肴时，取料精细，风味纯正：在选料上注重鲜活，虾要活蹦乱跳，青鱼要3500克左右的活货，黄鳝现泡现杀，母鸡则要2000克左右的活鸡。用料的讲究保证了菜肴的质量和美味。

有了好的食材，本帮菜还强调好的刀工。最典型的是扣三丝，刀工极其精细。按照传统做法，一盘扣三丝总共要切1999根丝。火腿丝和笋丝都要先片后切，片需薄如纸片，丝要根根均匀，鸡脯丝则由厨师顺着鸡肉纤维手撕完成。白切羊肉要切得薄如纸，大小均匀。

其四，从口味上来说，本帮菜强调原汁原味，尽可能体现和保留食材的原味，除了加酱油、糖、盐等最基本的调味品之外，很少或只是少量添加蒜、辣椒、五香、桂皮等味浓的调味品。尤其是蒸煮的食品，最能表现出这一自然特点。譬如：肉丝黄豆汤、白切羊肉、咸肉百叶、炒肉豆腐、蘑菇菜心、上海红烧肉、炒鱼块、炒猪肝、红烧大肠等，都能体现原汁原味的特点，避免使用浓烈调味品，掩盖了食材的原味。汪曾祺《四方食事·饮食篇》指出："淮安人能做全鳝席，一桌子菜，全是鳝鱼。除了烤鳝背、炝虎尾等等名堂，主要做法一是炒，二是烧。鳝鱼烫熟切丝再炒，叫做'软兜'；生炒叫炒脆鳝。红烧鳝段叫'火烧马鞍段'，更粗的鳝段叫'闷张飞'。制鳝鱼都要下大量姜蒜，上桌后撒胡椒，不厌其多。"但是，一道清炒鳝糊，却炒出了徽菜所没有的境界，保留了黄鳝的原味。高汤都是将鸡骨和猪骨作为食材用文火慢慢熬煮出来，从来不用浓缩的材料。这不仅保证了高汤的鲜味，还体现了良好的职业道德和信誉。

其五，从本帮菜的菜单来说，博取众长，更为丰富多样。上海开埠只有一百多年，是一个移民城市，菜系的形成时间短，不可能像鲁菜、淮扬菜、川菜和粤菜那样具有相对独立的、漫长的演变和进化，在原有的基础上不断改进、发展。本帮菜的正式形成远远晚于其他八大菜系，在其发展、形成过程之中，各帮菜系已涌入上海，充分展现其优势与特点，因此，本帮菜在发展和形成的过程中，充分吸取各帮派的特长和优势。这样，本帮菜肴的风味与其他各菜系之间就形成了你中有我、我中有你，有时很难用一种严格的区分方式来表明某一种风味到底属不属于上海。周彤《本帮味道的秘密》指出："后世形成的本帮菜，是本地风味菜肴和徽帮、锡帮、苏帮、甬帮等诸多江南风味共同孕育出来的一个新生儿。"但是，本帮菜参考、借鉴其他菜系的特点，并不是简单的模仿和照搬，而是在借鉴学习、消化吸收的基础上加以改进、发展，有"点铁成金"、"画龙点睛"之妙，使之达到一种新的境界，逐渐形成了独自的风格。爆鱼各地菜系之中都有，基本工艺就是用油将鱼炸熟，吃起来味香而鲜美。可是本帮菜的异味熏鱼在两方面进行了改革。其一，用乌青作为食材，保证了爆鱼的高质量；其二，配制别具风味的卤质。就是因为这两个小小的改动，使得异味爆鱼成了本帮菜之中的名菜。八宝鸭是老饭店借鉴大鸿运酒楼的八宝鸡改制而成的。大鸿运酒楼的八宝鸡为苏帮名菜，但是老饭店在工艺上进行了很大的改进。首先是把鸡改成了鸭，大大增加了腹腔中八宝的料；由拆骨改为带骨，以保留成菜鸭的外形；调整了塞进鸭腔内的食材，改用莲子、栗子、笋丁、开洋、火腿等营养丰富、味道鲜美的配料；又将汤煮改为笼蒸，保留了八宝鸭的原形、原汁、原味的特点，真可谓是"青出于蓝而胜于蓝"。

其六，本帮菜还有一个特点，就是按照季节的更替，供应时鲜菜。《礼记》载："五谷不时，果实未熟，不粥于市。"所谓"不时"，是指果实尚未成熟，严禁进入市场出卖，防止引起食物中毒。而上海人历来有吃时鲜菜的习惯，即食材刚萌芽或上市即用来做菜，叫做吃时鲜货。虽然从营养学的角度来说，时鲜货与其后所产者未必有多大区别，但是入口的味道确实不同，时新货鲜嫩可口，别有风味，而且给人带来新的季节开始了的气息，让人从舌尖上体会到了季节的更替，这种感受在春季更为突出。上海地区，一年四季应时鲜菜不断，初春草头、仲春韭菜和豆苗、暮春香椿、初夏苋菜和蚕豆、仲夏豇豆和丝瓜、暮夏茭白、初秋茄子、仲秋扁豆、晚秋芋头、初冬莲藕、隆冬萝卜和菠菜、晚冬冬笋和塌棵菜。当年，老正兴馆以供应河鲜为特色，根据不同的季节，供应不同的河鲜。周三金《上海老菜馆》指出："春有'春笋塘鲤鱼'，夏有'银鱼炒蛋'、'油爆虾'，秋有'大闸蟹'，冬有'下巴甩水'。"此外，籽虾、菜薹、竹笋、毛笋、凤尾鱼、清明前的螺蛳等等，都是时鲜菜，虽然价钱较贵，但是上海人却舍得买来吃，本帮菜饭店当然也不会放过这一极好的商机。久而久之，吃时鲜货成为上海人的一大特点。

四、展望

尽管近年来中西餐孰优孰劣的争论不断，但是，不可否认的是，中国饮食文化誉满全球，甚至可以引用《说文解字序》"古者庖羲氏之王天下也"一句话来自鸣得意，而本帮菜则是中国饮食文化中的后起之秀。

20世纪二三十年代是本帮菜的形成时期，也是最鼎盛的时期。随着时代的发展，本帮菜也发生了变化。

解放初期，由于公私合营等因素，一些富有特点的本帮菜饭店或合并，或关门，致使本帮菜不再如二三十代那样欣欣向荣。"文革"之中，除了一些大型的宾馆之外，本帮菜饭店数量急剧减少。

改革开放之后，上海经济迅速发展，城市繁荣，各帮饮食自然云集，其中，本帮菜尤其受到食客的青睐，同时也涌现一批打着专营本帮菜旗号的馆子。1995 年，沪上知名的本帮菜馆有上海老饭店、德兴馆、老隆兴、一家春、老人和、同泰祥、吴淞饭店、迎春饭店等 10 余家。2006 年前后，为了上海餐饮业的蓬勃发展，上海市餐饮烹饪行业协会对本帮菜提出了："传承延续、博采众长、贯通中西、创新发展"的十六字方针，旨在促进本帮菜的进一步发展。

由于上海是一个国际大都市，前来访问的外国政要不少。招待他们时当然首选本帮菜。如果一个大都市没有具有当地特色的饮食，那么在文化方面就会大打折扣。

1983 年 9 月，有几位美国客人在品尝了上海德兴馆的清炒鳝糊、虾籽大乌参、扣三丝等特色菜肴后，非常满意，回国后在《华盛顿邮报》上发表了一篇题为《中国大陆吃与看》的文章，称赞说："我们到过中国大陆的北京、天津、广州等地的大宾馆，吃过许多中国菜，唯上海德兴馆的菜肴滋味最好，吃后回味无穷。"

和平饭店北楼的中餐厅有五百多个座位，中菜以经营沪、粤、川三种地方风味为主，尤以精制本帮菜著称，具有"味浓而不油腻、清鲜而不淡薄、酥烂而不失形、清爽而不失味、艳丽而不庸俗、雅典而不芜杂"的特点。北楼经营的主要本帮名菜有虾籽大乌参、芙蓉蟹斗、琵琶虾仁、冰糖甲鱼、萝卜丝鲫鱼汤、红烧鮰鱼、蚝油石斑鱼球、炒雀松等。此外，还有一道新创制的名菜烧葡萄，鲜嫩异常。它是取用青鱼眼球、下巴肉块，加调味品精心制成，形似葡萄，故名。

上海老饭店于 1991 年接待了马其他总统文森特·塔博思；

2001 年 10 月接待了印尼总统梅加瓦蒂；2001 年 6 月，上合组织五国元首会议在上海召开期间，俄罗斯总统普京的前夫人柳德米拉曾在这里品尝了红烧鲍翅、清炖蟹粉狮子头、鸽蛋圆子等名菜，她称赞说："这都是最好的中国菜。"绿波廊酒楼于 1998 年 6 月，接待了造访上海的美国总统克林顿和夫人希拉里，他们品尝了冷盘菜墨鱼大烤、盐水草鸡、五香扎蹄、上海爆鱼、香菇素鸭，热炒菜腰果鸡丁、松仁粟米、咕咾肉、香菇菜心等本帮菜，非常满意，道别时，克林顿夫妇还拉着服务员一起拍照留念，并在贵宾签名薄上留言，克林顿写道："感谢你们精美的午餐！"希拉里也写道："感谢你们诚挚款待！"同年 10 月 16 日，台湾海基会董事长辜振甫偕夫人严倬云前来这里，品尝了本帮菜后非常满意，热情称赞说："上海菜点做得真精细，比我五十多年前吃过的还要好！"2000 年 4 月中旬，香港首富李嘉诚也特地前往绿波廊酒楼，品尝了虾籽大乌参、圈子草头、八宝鸭、红烧鮰鱼等本帮特色名菜后，极为满意。他对上海菜的变化颇为赞赏，说："上海菜兼容并蓄，原料变得丰富了，工艺变得精致了，口味变得温和了。"上述资料充分证明了外国政要和友人是赞赏和肯定本帮菜的，从一个侧面表现出了本帮菜的价值与魅力。本帮菜在对外交流中也发挥着重要的作用。日本银座亚寿多大酒楼的同行每年两次组团来沪观光，必到上海老饭店品尝虾籽大乌参等本帮菜佳肴。

　　本帮菜还走出上海，去外地，或国外进行文化交流，扩大了影响，增加了国内外客人对中国饮食文化的了解。周三金《上海老菜馆》指出：1987 年 11 月，老正兴菜馆在广州中国大酒店举办了为期两个星期的老正兴美食展，油爆虾、生煸草头、油酱毛蟹、清炒鳝糊、炒蟹粉、青鱼肺卷、青鱼煎糟等名菜颇受青睐。2001 年 1 月，该店应邀前往香港参加沪港饮食文化交流，展出了圈子草头、冰糖甲鱼、脆鳝等老正兴名菜几十道，受到当地一些"老上海"顾客的高度好评。香港《大公报》报道说：（上海老正兴菜馆）向来以经营地道传统风味的上海菜而驰名。其中更长于烹调各种鲜鱼，被称为"烧鱼专店"，老正兴旗下的厨师全部属国家级厨师，身怀非凡厨艺。

本帮菜是在上海本地菜的基础上，吸收各地菜系的精华，加以发明创新，经过数代厨师的努力而成就的非物质文化遗产，是非常珍贵的人类宝贵财富，值得继承和发展，绝不能弃于一旦，其中有很多经典之菜是其他菜系中所没有的，在烹饪业中达到了很高的境地。近年来，有关保护和发展包括本帮菜在内的各种菜系的问题，得到了国家和政府的极大关注重视。国家和政府制定政策保护包括饮食文化在内的非物质文化遗产。

2008 年 6 月，上海功德林素食有限公司素食制作技艺经国务院批准列入第二批国家级非物质文化遗产名录，2014 年 11 月黄浦区上海本帮菜肴传统烹饪技艺经国务院批准列入第四批国家级非物质文化遗产名录。2007 年，功德林素食制作技艺（静安区）、枫泾丁蹄制作技艺（金山区）、真如羊肉加工技艺（普陀区）被上海市政府列入第一批上海市非物质文化遗产名录。2011 年，老正兴本帮菜肴传统烹饪技艺（黄浦区）、上海老饭店本帮菜肴传统烹饪技艺（黄浦区）、本帮菜肴传统烹饪技艺（浦东新区）、小绍兴白斩鸡制作技艺（黄浦区）被上海市政府列入第三批上海市非物质文化遗产名录。这些名店和名菜被列入非物质文化遗产名录，并非只是记录下来，作为历史文献，而是要求后人继承下来，在原来的基础上进一步发展，使得本帮菜具有更大的吸引力。

毋庸讳言，随着饮食业界的调整，市场经济的进一步放开，本帮菜的发展也出现了一些不尽如意之处。即使在发展本帮菜的鼓舞人心的口号声中，1993 年，同泰祥酒楼因原地块改造，迁至金陵东路继续营业，1995 年，因餐饮网点调整而歇业；90 年代后期，合兴酒楼因市政建设和老镇改造而关门歇业；2004 年底，德兴馆因市政开发而迁至小南门中华路现址，与一家春酒楼合并成立新的上海德兴馆；2005 年底，沪上历史最悠久的老人和饭店因市政改造而关门歇业。在此期间，还不知道有多少中小型的本帮菜饭店关门歇业。当然，与此同时，新建了不少大酒店、大饭店。但是，由于宾客来自五湖四海，众口难调，为了方便，经营者博取各帮之名菜，汇集于一店，只要食客需要，在一家饭店就可以吃到各帮菜系的名菜。这一方面满足了食客的要求，为食客提供了方便。另一方面，却不再考虑各帮菜的特点，菜系之间没有了竞争，也就停止了发展，仅是维持原状而已。本帮菜也是如此。受到市场经济的影响，在本帮菜餐馆中，一些价钱便宜、利润薄的菜肴餐店不再供应。譬如：黄豆汤、八宝辣酱、咸肉百页、肉丝豆腐羹、炒肉豆腐这些家常菜被从菜单上抹去了。饭店、酒楼跟着市场赚钱效应走，什么饮食能吸引食客就做什么、卖什么，一窝蜂上，而将继承和发展前人的优秀文化遗产置之于脑后。这引起了著名专家、学者的深深担忧。唐振常《中国饮食文化二题·饮食文化退化伦》曰："一个强烈的感觉，国内文化日趋于退化了。近年来，一个普遍的现象，饮食店的装潢愈来愈考究，每装修一次，售价必提高，服务态度不见明显改善，倒是菜点质量日趋下降。最令人奇怪的，是在菜点上追求装饰，动不动搞'雕花'，或摆成一种什么图案。饮食是食用文化，不是工艺美术，为吃而非为看，凡最好看的菜必最不好吃。"唐振常在《乡味何在？》一文中对本帮菜的现状和上海饮食界的现状深表担忧："今之上海，自然不能说没有好菜，总体说，评为杂乱，当无不当。最令人不堪者，是众多菜馆群起而'生猛海鲜之'。我也喜吃海鲜，但一，要真正的海鲜，得其鲜，得其味；二，全上海都'生猛之'，将何以堪。"在《帮系乱套》一文中，唐振常又指出："从上海看，前若干年本来就已经帮系乱了套，求同而不立异，在饮食上也表现了大一统之道。忽然一时间，粤菜实际上是港派大流行，一时之间，大小饭店群起而生猛海鲜之。海鲜诚然是美味，大家都卖海鲜，还有什么情趣？后来生猛海鲜不叫座了，谁也说不清楚有些饭馆是什么帮，于是别出心裁，在店门前大标榜'海派特色'。搞了几十年，究竟海派文化是个什么，谁也说不清楚。现在多出了个海派菜肴，自然更莫名其所以了。去年开始，忽然风行所谓四川火锅，大小饭店群起而从，四川麻辣火锅惊动沪上，甚至有什么鸳鸯火锅之名，即火锅一半为辣味，一半为淡味。曾几何时，现在四川火锅亦偃旗息鼓了。此后再搞什么一锅蜂，天知道！说起四川麻辣火锅，其实一文不值。这种火锅原名红汤火锅，又名毛肚火锅，始作俑者是重庆嘉陵江上的船夫。……上海大行火锅四川，岂非对川菜的唐突？"唐振常所言，客观而公正地评价了本帮菜的现状，其批评也是恰如其分的。

与 20 世纪二三十年代相比，今天上海餐饮业的差距是显而易见的。那时，上海的饮食业界除了本帮菜之外，还有"沪、苏、锡、宁、徽、粤、京、川、闽、湘、鲁、扬、潮、清真及素菜等十六个帮派的菜肴。"但是，各帮菜肴并没有放弃原属的菜系特点，而是坚持借鉴它系长处，努力创新出独自的菜肴，使得那时的上海"成为吃的总汇。比今天的香港还丰富得多"。如果各帮菜系都做上海菜，那上海的饮食界必然是单调和萧条的。如今，餐饮业的菜肴发明创新的少，而模仿照搬的多。作为个案来说，当时，上海老饭店借鉴苏帮菜八宝鸡烹制出了八宝鸭，成为本帮菜名菜之一，而今天"本帮馆有一时期竟然卖起了北京烤鸭"，以致唐振常不满地批评曰："杂乱之尤也。"

除了餐饮业界的短视和缺乏远见之外，国外快餐店、西餐店在上海的设立，也给中国菜系，在上海则是对本帮菜形成了挑战。这种饮食文化交流是有益的，但是，很多人为烹饪简单、菜品极少、味道一般的肯德基、麦当劳叫好则是难以理解的。好在近年来肯德基、麦当劳风光不再，食客逐渐减少。这是必然的，不足为奇。

一种菜系的发展，与其他菜系的交流和借鉴是非常有必要的。唐振常在《帮系乱套》一文中对杂乱与文化交流作了区分："饮食既为文化，就必须交流，中外之间如此，国内菜系更然。所以，不能规定某帮派不能卖他帮他派之菜。但是，移植他帮他派之菜，应是移而能植，不能生根，徒具其名，不如不移。此是一点。其二，一个饭馆既能以某帮某派为名，立馆之道，毕竟还应以其所以从属的帮派之菜为主，就是说，总得有几样你这一帮的几个看家菜。否则，恐怕很难站得住脚。"一种菜系要取得发展，并且能够吸引食客，必然有某种菜会被淘汰，而某种新菜会增加，但是，作为一些经典的，或最有人气的传统菜则应当保留下来，这是基础，否则这种菜系就名存实亡了。譬如，上海红烧肉近年来被坛子肉、东坡肉取代了。其实，细细品尝的话，两者的风味是完全不同的。再有糟钵头，由于所用食材为猪内脏，近年来被认为胆固醇太高而吃的人不多，其实，只要加以适当改进，譬如，减少一些量，让大家尝个味，还是能吸引众多食客的。在本帮菜中，为了适应食客渐渐喜欢吃辣味的习惯，也可以增加些辣味的菜，但是，不能太辣，太辣的话，就偏离了上海菜的特点。白切羊肉，也是传统的本帮菜，上海郊区至今还盛行着夏季吃白切羊肉的习惯，而这在上海有名的饭店中却看不到了。

本帮菜作为非物质文化遗产之一，积淀了无数厨师的智慧和努力，是上海的宝贵文化财富，也是中国的宝贵文化财富，需要继承，并发扬光大。俗话说：一方水土养一方人。我们也可以说，一方水土有一方滋味。如果饮食业没有了菜系，只有社会上流行的菜肴，就如我们身上穿的衣服只有一种款式，那是多么单调和乏味。从某种意义上来说，社会上流行的菜肴价格适中，厨艺一般，缺乏特色，多用调味品，是由于掌勺的厨师缺少文化底蕴及对菜系特点的了解，难以对菜肴有所创新。因此，这样的菜肴很快就会被食客遗忘，从餐桌上消失。只有在掌握了本帮菜系的特点的基础上，才能通过比较与其他菜系的不同点，进而在此基础上借鉴其他菜系的特点，进行再创造，烹制出新的菜肴来。自《舌尖上的中国 II》播出后，很多客人从国外、外地赶到上海来品尝本帮菜，这充分证明本帮菜的魅力，仍然充满了生命力。

虽说本帮菜得不到高级饭店、酒店的高度重视，但是民营的中等规模的本帮菜菜馆近年来却开办了不少，店址有在市区的，也有在郊区的，得到了食客的欢迎。有人统计了最受欢迎的本帮菜有三十家，并上网公布：兰亭餐厅（卢湾区嵩山路）、派克餐厅（虹口区四川北路）、永兴餐厅（卢湾区复兴中路）、饭小馆（黄浦区西藏南路）、保罗酒楼（静安区富民路）、南小馆（长宁区仙霞路）、小实惠（静安区威海路）、兴安餐厅（卢湾区兴安路）、我家餐厅（静安区华山路）、老兴隆餐厅（黄浦区天津路）、维维餐厅（虹口区海伦西路）、原食街（长宁区武夷路）、小小南国（静安区南京西路）、弄堂筵（长宁区武夷路）、建国 328 小馆（徐汇区建国西路）、三林本帮馆（黄浦区五福弄）、凯恩酒家（黄浦区香港路）、930 私房菜（虹口区欧阳路）、和记小菜（浦东新区沪南路）、三玛璐酒楼（黄浦区汉口路）、上海小南国（闵行区虹梅路）、上海人家（浦东新区民生路）、九兴里经典本帮餐厅（长宁区古羊路）、乾隆美食（黄浦区黄河路）、顺风港湾（卢湾区柳林路 1 号兰生大厦）、金八仙（黄浦区黄河路）、甬府酒楼（长宁区中山西路 888 号银河宾馆）、上海滩餐厅（卢湾区黄陂南路）、慧公馆（卢湾区巨鹿路）、致真老上海菜（徐汇区淮海中路）。

　　上述三十家本帮菜餐馆，只是众多的本帮菜餐馆中的一部分，统计者完全有可能将更地道、更有特色的本帮菜餐馆遗漏了，而且郊区的本帮菜餐馆一个都没有列上店名。其实，从某种意义上来说，市郊的本帮菜菜馆无论从食材来说，还是保留的本帮菜特色，应该比市区的要更胜一筹。李伯荣的儿子李明福从小就在厨房里长大，自1982年独立掌勺以来，曾受邀去日本的华人餐馆工作，如今他在本帮菜的发源地——三林老街开办三林本帮馆，是一家知名的本帮菜餐馆。《舌尖上的中国Ⅱ·心传》把包括扣三丝、油爆虾在内的本帮菜呈现在全国观众面前，三林本帮馆也由此名声愈发大震。有"吃货"特地从北京、内蒙古赶来尝鲜。由此可见，本帮菜不仅在上海大有人气，而且在全国都有人气。

　　本帮菜要发展，培养本帮菜的传人和厨师是最为重要的。培养一个会做菜的厨师并不难，但是要培养出做本帮菜的大师就不那么简单了。唐振常《中国饮食文化二题·文人与美食》曰："美食文化的创造，首应归功于厨师，但厨师未必是美食家。即使烧得一手好菜，厨师往往也只是一个匠人。能明饮食文化的渊源，融会贯通，知其然且知其所以然，信手拈来，皆成美味，治大国若烹小鲜，轻而易举，可谓大厨师，可谓大师，亦可兼称美食家。这自然是食界众生所望的。""食有三品，上品会吃，中品好吃，下品能吃。能吃无非肚大，好吃不过老饕，会吃则极复杂，能品其美恶，明其所以，调和众味，配备得宜，借鉴他家所长，化为己有，自成系统，乃为上品之上者，算得上真正的美食家。要达到这个境界，就不是仅靠技艺所能就，最重要的是一个文化问题。最高明的烹饪大师达此境界者，恐怕微乎其微。"作为本帮菜的传人，首先要了解本帮菜的发展过程、本帮菜的特点。当然，厨艺是一门技术活儿，需要掌握扎实的基本功。20世纪二三十年代的厨师都经历过一个学生意的过程。餐馆饭店的学徒生涯是最清苦的，每天起得最早，睡得最晚，从洒扫、开生、洗菜、打荷到磨刀、刮板、烧水、洗碗，再到收拾店堂，给师傅和掌柜泡茶，直到给老板娘烧洗脚水，反正里里外外的苦活、累活、脏活都得干。任何一个出门学生意的徒弟，都要吃上几年"萝卜干饭"。最讲究刀工的扣三丝一道菜，没有十几年的刻苦磨练，是切不出根根均匀的丝来的。

学习烹饪技术，还要端正思想，要有恒心和事业心。以前说，"一招鲜，吃遍天"。而现在，时代变化了，作为技术活儿的厨艺是社会不可缺少的，而且随着社会的发展，人们上饭店吃饭的次数明显比以前增多了，厨师就业的机会也并不难，但是其工作量大、体力消耗大，很辛苦。俗话说，三百六十行，行行出状元，厨艺当然也不例外。《孟子》曰："食色，性也。"《礼记》曰："饮食男女，人之大欲存焉。"凡是人生，离不开两件大事：食物的摄入，两性的交媾。但是若将两者做一个比较的话，则食居于前。食是人维持生命的基础，也是人的一种生理本能需求。饮食的意义不只限于维持人的生命，还要促进有生之年的身体健康，不能为了贪图一时的享受而给健康的身体留下后患。饮食荤素搭配要合理，戒忌暴饮暴食，养成良好的生活习惯，吃出幸福，吃出健康，吃出长寿，这才是民以食为天的真正含义，也是新时代厨师工作的意义。

当然，社会上也不乏以厨艺为毕生事业者。他们的厨艺虽然已经达到了很高的境界，但是仍在孜孜不倦地潜心研究，旨在进一步促进本帮菜的发展。莫有财厨房改名为扬州饭店后，地址迁移，门面扩充，今非昔比了。莫氏三兄弟孜孜于精研改进扬州菜的劲头仍不减当年。莫有庚担任了本市某个"饮食技术中心"的顾问，正在研究如何把扬州菜同宁波、苏州、上海菜合并成"上海地方菜"，以丰富上海菜的花色和品种。国家高级烹饪技师李伯荣，是上海本帮菜当仁不让的一代泰斗，他做的虾籽大乌参被誉为"本帮一绝"，四里八乡说得上名字的徒弟，就有几十人。做好本帮菜，必须遵循严格的工序，但没有一成不变的标准。上海老饭店的副总经理龚大军说："我们这个标准，没有办法像肯德基一样，几度油，油炸几分钟出锅。我们的材料还分大小，也分季节。不同气候下烧菜的方式也会有所不同。这都要靠师傅的经验的。"这就要求厨师必须掌握丰富的实践经验，用心去体验，而不仅仅是用头脑去记忆。

为了发展本帮菜，本帮菜餐馆的经营者与厨师也有必要多听听食客的意见与建议，询问食客的需求，开拓新的菜肴。唐振常《食家与家食》说："中国饮食文化要发展，绝不能只靠营业性的饭馆，更不能为上海今日之家家'生猛海鲜'所能达，食家与家食亦当担大任。"现在的饭店、菜馆和20世纪二三十年代的经营方式有一个很大的不同，店主和厨师几乎没有任何交流，甚至连面都见不上。这其实不利于饭店的发展。食客不仅能评价菜肴的好坏及尚有可改进之处，而且还能带来大量的有关菜肴的新闻，为菜系的发展提供有参考价值的信息。当年，如果没有杨宝宝向老正兴菜馆提出用青鱼肝做菜的建议，可能本帮菜中至今还没有青鱼秃肺这一道菜；如果没有万姓常客告诉老饭店厨师大鸿运酒楼有一款八宝鸡十分畅销，应该仿制招徕食客，可能至今还没有八宝鸭这一道本帮菜。所以说，饭店、酒店的负责人，尤其是厨师，要能够经常与食客沟通，从与食客的交流中，得到信息和启发。

把菜烧熟了能吃，并不难，但是要做好一道菜不容易，尤其是能够得到众人的称赞，称之为名菜的，就要求厨师必须有长期的经验积累，要有自己的拿手好戏。

虽然说时代变了，人们的思想觉悟有了提高，师父比较愿意将自己长期积累的经验和技术传授给年轻的一代。但是毋庸讳言，在烹饪界，乃至其他的领域，仍然存在着"商业秘密"的说法和意识，一些绝活是不会轻易传授给别人的。同时，即使是师傅精心传授，如果徒弟只是努力模仿、会做，但没有创新，那终究还是不会有发展前途的。菜系的生命力在于创新。因此，从事本帮菜厨艺者，除了虚心学习之外，开动脑筋，下功夫创制新的菜肴，也是必不可少的。

美味是有生命力的，是有传承力的，能给食客带来生活的享受和欢乐，是非物质文化，能不胫而走，能从国内传播到国外，让更多的人分享。从这个意义上来说，厨艺是一项世界性的职业与事业，带给人们的是享受、美好与幸福。

历史典故与烹制技艺

八宝鸭

在鸭子肚腹里放入莲心、栗子、笋丁、开洋、火腿等八种配料笼蒸而成。

吃鸭子在中国历史悠久，文献上早有记录，而且流传着不少佳话。据说慈禧太后和袁世凯都喜欢吃八宝鸭。袁世凯吃鸭子的方法是在清炖肥鸭的基础上，采用糯米八宝鸭的做法，在鸭肚子中塞入糯米、火腿、酒、姜汁、香菇、大头菜、笋丁等食材，然后用鸡汤隔水蒸上三天三夜，通过蒸汽让鸡的鲜味慢慢渗入鸭肉。慈禧吃八宝鸭则是用清水蒸，也是足足蒸上三天三夜，直至整鸭骨酥肉烂。

八宝鸭成为上海名菜之一，由上海城隍庙的上海老饭店借鉴苏帮菜的八宝鸡创制而成。上海老饭店初名荣顺馆，是 1875 年由川沙人张焕英、张杜氏夫妇开设在上海县城新北门内北香花桥南首的一家经营家常菜的小饭馆，店堂狭窄得只能放下三张八仙桌。20 世纪 30 年代，荣顺馆搬迁至老城隍庙西侧旧校场街，店堂扩大到两层楼面。张焕英去世后，子承父业。他勤于经营，善于学习，不断翻新菜肴，生意越做越好，荣顺馆也渐渐有了名气。没想到的是，不久上海滩新开设的一家饭店也取名荣顺馆，不少客人难以区分，于是张杜氏就在自家的荣顺馆前加了一个老字，改店名为老荣顺馆。可是不少常客嫌老荣顺馆叫起来麻烦、拗口，干脆改称为老饭店，久而久之，习惯成自然，老饭店之名取代了老荣顺馆。由于店主经营有方，菜肴有特色，总是顾客盈门，在上海出了名，甚至当时有了"吃饭要上老饭店"的说法。抗战胜利后，沪上食客一时大增，老饭店店主想方设法不断推出新菜肴，招徕更多食客。

在这些食客中，有一位万姓常客与老饭店上下之人都很熟悉。有一天，他告诉厨师，四马路上的大鸿运酒楼有一款八宝鸡做法精致、味道可口，十分畅销，建议老饭店模仿大鸿运酒楼做出八宝鸡，以满足食客的需求。

老板听了这一建议，立即带上厨师黄师傅，假装成食客，去大鸿运酒楼细细品尝了八宝鸡，吃完还买了一只带回研究。当时大鸿运饭店烹制的有脱骨八宝鸡和脱骨八宝鸭，都是特色苏州菜，在食客中享有盛名。但是，虽然这两道菜做工讲究、精巧，各有风味，但拆去了鸡和鸭的骨架之后，做成菜的八宝鸡和八宝鸭形状就像葫芦，没能保留鸡、鸭的外形，形状不美。黄师傅反复琢磨后，大胆进行了三项改进：把鸡由拆骨改为带骨，不仅节省了工时，而且保留了鸡的原形；调整了塞进鸡腔内的食材，改用莲心、栗子、笋丁、开洋、火腿等营养丰富、味道鲜美的配料；又将汤煮改为笼蒸，能更好地保留八宝鸡原形、原汁、原味的特点。通过这些改进，老饭店烹制的八宝鸡获得了更大的成功，一出笼香味四溢，鸡肉细嫩味鲜，更重要的是，与大鸿运饭店的八宝鸡相比，成菜外形美观，一时吸引了沪上众多的食客，在餐饮界得到了好评。

但是，老饭店的老板和黄师傅考虑到八宝鸡是大鸿运酒楼的招牌菜，早已闻名沪上，上海老饭店的八宝鸡虽有创新，总有模仿、"偷技"之嫌；而且，同行是冤家，如今上海老饭店的八宝鸡出了名，难免会引起大鸿运酒楼的嫉恨。为了避免矛盾，打出老饭店的品牌，黄师傅和其他厨师商量后，决定将食材由鸡改为鸭。虽然大鸿运酒楼也有八宝鸭一道菜，但是名气远逊八宝鸡，在食客中人气较小；同时鸭子肚腔比鸡的大，能够塞进更多的八宝食料；鸭子皮肉薄，容易蒸酥；鸭肉还有滋阴养胃、利水、消肿的作用。清代养生专家王士雄在《随息居饮食谱》中说，鸭肉"能滋五脏之阴，清虚劳之热，补血行水，养胃生津，止咳行精，消螺蛳积"。中医认为鸭血可补血、解毒，治风寒虚热；鸭头可通利小便，治水肿、惊悸、头痛。这说明，食用鸭子更有利身体健康。

黄师傅们为了将八宝鸭做得好上加好，成为老饭店的招牌菜，想方设法保留成菜鸭子的外形特点，经过反复摸索，改变了以往剖开鸭肚清洗和填料的做法，而是从鸭子的脊背部开刀，除去内脏，洗净后放入开水锅中略烫，去除鸭腥味，然后取出趁热抹酱油上色，再将各种食材、调料充分拌合，塞进鸭肚，上笼蒸三四个小时。用这种工序烹制出的八宝鸭不仅完好地保留了鸭子的外形，而且鸭肉酥烂，香气四溢，客人们食用后赞不绝口。于是八宝鸭成了老饭店的招牌菜，一时闻名全市，并流传至今。如今，八宝鸭之名已远胜八宝鸡，真可谓是"青出于蓝而胜于蓝"。

八宝鸭成菜色泽红润，形状完整，鸭肉酥烂，腴香浓溢，汁浓味鲜。

食材

嫩肥光鸭1只（约1千克至1千500克），莲心25克，栗子丁、笋丁、火腿丁、猪肉丁、虾仁（或水发开洋）、鸡肫丁各50克，冬笋丁（或水发香菇丁）100克，糯米100克，绍酒15克，酱油15克，白糖5克，味精2克，熟猪油10克，食盐、湿淀粉适量。根据个人爱好，也可加入适量红枣、红豆、胡萝卜等食材。

烹制工序

1. 嫩肥鸭宰杀洗净、剪开背脊，除去内脏，入沸水锅焯水后捞出，洗净、沥干，在鸭身上抹上酱油。

2. 将莲心、猪肉丁、冬菇丁、鸡肫丁、冬笋丁、火腿丁、虾仁、糯米饭等加适量酱油、白糖、绍酒、味精拌和成馅，塞进鸭肚。

3. 将鸭背朝上放入盛器，上笼蒸三四个小时，至鸭肉酥烂取出，翻扣在大盘中。

4. 炒锅烧热，下猪油，将虾仁滑熟取出，锅内留少量油，放入笋片、冬菇片略炒，加酱油少许、蒸鸭原汁适量，烧沸后放入虾仁和熟青豆，下湿淀粉少许勾芡，淋上猪油，炒锅端下火将汤汁均匀浇在鸭身上，即可上桌供食客享用。

嶺島居

飲食譜

（鸭肉）
能滋五脏之阴，
清虚劳之热，
补血行水，
养胃生津，
止咳行精，
消螺蛳积。

冬笋，虾仁，火腿，莲心

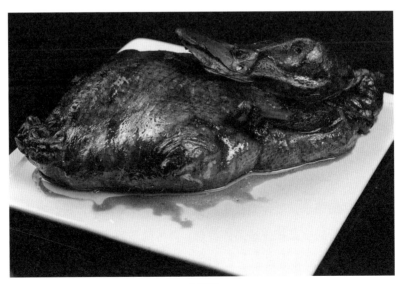

八宝鸭

八宝辣酱

用辣酱、鸭肫片、鸡丁、肉丁、肚丁、开洋、笋丁、花生米、豆腐干等多种食材烧制而成。八宝辣酱是上海本帮菜中的名菜之一，除了必不可少的辣酱之外，还选用八种主要食材，所以称之为八宝辣酱。

1868年成书的《调鼎集》中记录了八宝酱一道菜："甜酱加沙糖，用熬熟香油炒透。将冬笋晒干，香芃、沙仁、干姜、桔皮片俱研末，和匀收贮。又，或不研末，和冬笋及各种菜仁、砂仁、酱瓜、姜同。"同书还有炒千里酱一道菜："陈甜酱五斤、炒芝麻二斤，姜丝五两、杏仁、炒仁各二两，桔皮四两，椒末二两，洋糖四两，以熬过菜油，用前物炒干收贮，暑月行千里不坏。又，鸡肉丁、笋干、大椒、香芃、脂油，用甜酱炒，贮用，亦千里酱。又，各物用酱油煮，临用冲开水。"从内容来看，《调鼎集》所记录的两道以酱为主料的菜肴，与上海本帮菜中的八宝辣酱并无直接渊源关系。

若要推本溯源，应当说八宝辣酱主要由上海郊区传统的炒辣酱改良、发展而成。炒辣酱通常以辣酱、花生、肉丁、豆腐干等为主料烹饪而成，成菜色深味香，价廉物美，很适宜下饭，所以深受食客，尤其是体力劳动者的喜爱。光绪年间，上海的小饭摊和小饭馆几乎都烹制这道菜供食客食用，可以说是极其普通的家常菜。之后，炒辣酱由郊区传入市区、由小饭馆传入大饭店，为了满足喜欢品尝美味食客的需求，厨师们在实践中对这道菜不断加以改进：参考上海地区流行的全家福一道菜的特点，对传统炒辣酱的食材进行了调整和增加，最后才定名为八宝辣酱。

全家福是全国各地都有的一道菜肴，其相同特色是采用多种特色食材，分别预加工后再放入锅内一起烹饪，或者将已加工好的菜肴按比例拼在一盘之中，略加点缀后上桌，一道菜中有多种食材，味道鲜美，而且菜名寓意吉祥。

当年，将这道普通的家常菜做出名来能端上大饭店餐桌的据说是一家春酒楼的金阿毛。文献记载，金阿毛特别擅长烹制以酱为原料的菜肴，烹制八宝辣酱所用的辣酱与众不同，味道特别浓郁、鲜美；该道菜用料全、调料重；烹饪时特别注重火候，烧透、烧浓，卤汁紧包主料，非常入味。然而遗憾的是，饭店食材的加工方式、卤汁的配制都属于商业秘密，如今金阿毛的辣酱配制法已无法复原。上海老饭店的八宝辣酱在20世纪30年代就已出名，40年代更是闻名沪上，食客来到这里就餐一般都要点上这道菜。此外，民国年间较有名、规模较大的饭店，如荣顺馆、人和馆等饭店的菜谱上，都有八宝辣酱这道菜名。位于九江路上的"同稣馆"的厨师们在炒好的辣酱上盖上一个虾仁"帽子"，又对炒辣酱的原料进行了新的调整，味道辣鲜而略甜，十分入味，大受食客的欢迎。

上海各饭店烹制的八宝辣酱所用食材并不完全一致，各具特色。主要有肫片、鸡丁、肉丁、肚丁、开洋、笋丁、花生米、豆腐干等八种主要原料，也有加入腰丁、青豆、香菇的。这道菜特别讲究口感：脆的是肫片、笋丁、花生米，软的是肚丁、开洋、豆腐干，嫩的是鸡丁、肉丁。用辣酱将其粘合在一起，舀一勺入口，略一咀嚼，舌尖上能品尝到多种不同的美味，特别鲜美。上好的八宝辣酱被称之为具有浓郁的上海本地味．

成菜外观色泽红亮、卤汁紧包，盘子底部最多只有一线明油；入口软滑而有一定的嚼劲，酱香浓郁、鲜甜微辣。

烹制法

食材

上浆虾仁、熟鸭（鸡）肫片、肉丁、笋丁、花生米各50克，熟鸡丁75克，水发开洋10克，熟肚丁25克，香豆腐干丁50克；绍酒、酱油各10克，豆瓣酱25克，辣火酱、白糖各15克，味精2克，熟猪油150克，湿淀粉40克，肉清汤75克。食材也可加入猪腰丁50克，香菇片25克等。

烹制工序

1. 猪肉和鸡肉切丁，用料酒，生抽，生粉上浆，爆炒起锅待用。

2. 鸭肫、猪肚焯水后切丁，用料酒，生姜片去腥味，放入油锅爆炒至变色。

3. 香菇切丁；花生米入油锅炸香；开洋用水充分浸泡；豆腐干切成小块用少量油爆炒。

4. 锅里底油烧至五成熟时倒入优质辣酱，炒至流出红油，放入八宝食料，颠翻炒透。

5. 加绍酒、酱油、少许四川豆瓣酱和肉清汤，盖上锅盖，大火烧开后，用文火烧三五分钟使之入味，再用大火收汁，手执炒锅，一边晃锅一边淋下湿淀粉勾芡，待卤汁包紧八宝食料后，淋上明油出锅，在八宝辣酱上放几只清炒虾仁点缀增色。

由于该道菜选用食材较多，准备工作较为繁琐，烹饪前需一一分别加工。

八寶

主要有肫片、鸡丁、肉丁、肚丁、
开洋、笋丁、花生米、豆腐干等
八种主要原料，也有加入腰丁、
青豆、香菇的。

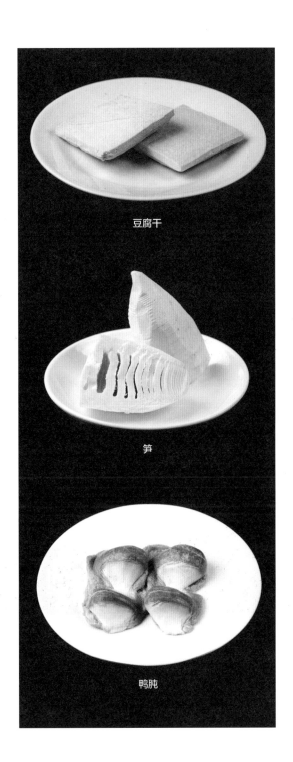

豆腐干

笋

鸭肫

青豆，香菇，肉片

肉丁，鸡丁，笋丁，开洋，莲心

八宝辣酱

干烧鲫鱼

用鲫鱼、猪腿肉干烧而成。

鲫鱼，简称鲫，俗名鲫瓜子、月鲫仔、土鲫、细头、鲋鱼，肉质细嫩、鲜美，营养价值很高，是一种普遍食用的鱼类。袁枚《随园食单》载："鲫鱼先要善买。择其扁身而带白色者，其肉嫩而松；熟后一提，肉即卸骨而下。黑脊浑身者，崛强槎枒，鱼中之喇子也，断不可食。照边鱼蒸法，最佳。其次煎吃亦妙。拆肉下可以作羹。通州人能煨之，骨尾俱酥，号'麻鱼'，利小儿食。然总不如蒸食之得真味也。六合龙池出者，愈大愈嫩，亦奇。蒸时用酒不用水，稍稍用糖以起其鲜。以鱼之小大，酌情量秋油、酒之多寡。"可见，鲫鱼虽然是一道家常菜，同时也是上得了台面的名菜。《调鼎集》"干煨鲫鱼"曰："治净用麻油抹透，荷叶包好，裹湿黄泥、置热炭内围拢糠火煨熟，最为松脆。"

上海人也有食用鲫鱼的习惯，且历史悠久。陈祁《清风泾竹枝词》："鱼郎惯口神仙钓，芋叶盛来银鲫多。"作者自注："钓不用饵曰'神仙钓'，多得鲫鱼，以芋叶贮水盛之，入市售卖。"程兼善《枫溪棹歌》："钓得竿头乌背鲫，小鲜也说是神仙。"作者自注："溪水，产鲫味美，夏日渔家以无饵得者，名'神仙钓'，味尤胜。"用鲫鱼能够烹制出各种菜肴：清炖鲫鱼、鲫鱼豆腐汤、糖醋鲫鱼、清蒸鲫鱼、酱烧鲫鱼、豆瓣烧鲫鱼、秘制香酥鲫鱼、羊肉鲫鱼汤、鲫鱼萝卜豆腐汤、豉油清蒸鲫鱼、鲫鱼苦瓜汤、奶白鲫鱼薏米汤、黑豆鲫鱼汤、番茄柠檬炖鲫鱼、麻辣豆腐烧鲫鱼、苦瓜淮山鲫鱼汤、湘江鲫鱼、金针菇鲫鱼汤、红枣鲫鱼木瓜汤、姜汁蚝油蒸活鲫鱼、荷叶烤鲫鱼、干烧失恋鲫鱼、荷叶烤鲫鱼、萝卜鲫鱼菌菇汤、香草鲫鱼粥等。其中，干烧鲫鱼更是别有风味。

这道菜首创于上海，由被称为开创海派川菜的重庆派鼻祖的向春华在主持兴华川菜馆大厨期间最早烧制而成。向春华以干烧菜看见长，在烹饪界久负盛名，常被达官贵人邀请去府上做菜。据说，当年向春华在南京总统府进出自如，门警见了他还敬以军礼。他还是开创上海川菜最早的"三鼎甲"（王炳城、向春华、萧长发）之一，上世纪 30 年代被誉为"四大流派"（向春华、何其林、廖海成、颜承麟）的"台柱"。有一天，大商董黄楚九等人来菜馆就餐，指名要吃向师傅做的鲫鱼。向师傅准备做豆瓣酱鲫鱼，鱼入锅后，他的鸦片瘾发了，匆匆吸几口过了瘾，再看炒锅里的鱼卤汁已烧干。向春华惊出了一身冷汗。黄楚九是当时当地的头面人物，绝对得罪不起，若要再烧一条，时间太久，客人会等得不耐烦。向春华看了看锅里的鱼，闻了闻味道，丰富的经验告诉他，这条鱼还可以吃，于是向春华给锅里加了些酒酿（川人称为涝糟）等佐料，重新收汁、装盘，让店小二端给客人。向春华在厨房里忐忑不安地等消息。不多时，传下话来：今天向师傅做的是什么鱼，特别好吃，请再烧一盘。

干烧鲫鱼就在向师傅的一时失误之中获得了意想不到的成功，一道新的菜烹制出了。但是，他并没有自满自足，固步自封，而是觉得鲫鱼虽然味道鲜美，但是香味不足，怎样才能把这道菜做得味道更好呢？向师傅试着在干烧鲫鱼中加了些猪肉末，增加了肉香，味道更美。从此，向春华首创的干烧鲫鱼风靡了上海食坛。

但是，向师傅始料未及的是，过了很多年，这道菜的归属引起了一场纷争：应属川菜正宗还是属海派，名厨们争论不休。有人认为：放肉末的是海派，不放肉末的是川菜正宗。徐正才《锅台漫笔——烧菜与漫笔》认为：放肉末的是正宗，不放肉末的也是正宗。不过，有一个事实是不容疏忽的：干烧鲫鱼打响牌子之后，全市川派菜馆，家家热销，重庆客轮上有位姓赖的师傅，将此道菜传到重庆，成为重庆餐馆的招牌菜之一。究其原因，既有这道菜风味特别、受到食客的欢迎，也有"远来的和尚名声响"的因素。1979 年，徐正才去四川考察，川厨把这道菜称之为下江菜。由此可知，直至今日，川厨习惯上还是把这道菜视为是由上海倒流回四川的。

其实，今天的菜肴，除了当地个别小馆子，或者非常强调派别正宗的高档酒店之外，多数酒店，尤其是不在派系当地营业的酒店，早已是"你中有我、我中有你"了，吸取他派之长，结合自身特点，加以发扬光大。因此，若从一道菜的创出地来看，干烧鲫鱼应当属于上海菜系。再如《中国食经》上海风味名菜共收入 26 道，其中蜜汁火方、松仁鱼米、扒牛头、鸳鸯鸡粥、锅贴桂鱼等菜均由扬帮名馆首创，而龙园豆腐则由川帮名馆首创，但是都归入了上海名菜系列。因此，从首创地来看，干烧鲫鱼应属上海菜系。

成菜鲫鱼色泽金黄，卤汁紧包，香味浓郁，鱼鲜肉香，入口鲫鱼肥嫩，回味深长。

钓得竿头乌背鲫
小鲜也说是神仙

烹制法

食材

鲫鱼1条（重400~500克），肉末、酒酿各50克，四川豆瓣酱、酱油、泡辣椒末、绍酒、湿淀粉、葱花各10克，姜末、白糖、白醋各5克，精盐适量，味精1克，生抽250克（约耗75克），熟猪油15克，香油少许。

烹制工序

1. 活鲫鱼宰杀、去鳞、鳃、内脏，清水洗净，在鱼身两面各斜划3-5刀，刀深约3毫米，并在鱼身上均匀涂抹酱油。

2. 猪腿肉切成肉末。

3. 炒锅上火，下油烧至八成热，放进鲫鱼煎至两面呈金黄色，倒出沥油。

4. 原锅留油少许置火上，下肉末、葱花、姜末、泡椒末爆炒至香味四溢；加豆瓣酱，煸炒出红油；再放进酒酿炒散，倒入鲫鱼，加绍酒、白糖，盖上锅盖用小火焖烧五六分钟，至鲫鱼熟透。

5. 加味精、葱花，用旺火收紧卤汁，下湿淀粉勾芡，浇一小勺热猪油，再淋上少许醋和麻油即可起锅装盘上桌。

【干煨鲫鱼】治净用麻油抹透，荷叶包好，裹湿黄泥、置热炭内围拢糠火煨熟，最为松脆。

辣椒　　　　　　　　　　　　　　葱花

酒酿　　　　　　　　　　　　　　肉末

鲫鱼

随园食单

鲫鱼先要善买。择其扁身而带白色者，其肉嫩而松；熟后一提，肉即卸骨而下。黑脊浑身者，崛强槎枒，鱼中之喇子也，断不可食。照边鱼蒸法，最佳。其次煎吃亦妙。拆肉下可以作羹。通州人能煨之，骨尾俱酥，号「麻鱼」，利小儿食。六合龙池出者，愈大愈嫩，亦奇。蒸时用酒不用水，稍稍用糖以起其鲜。以鱼之小大，酌情量秋油、酒之多寡。然总不如蒸食之得真味也。

干烧鲫鱼

下巴划水

　　用青鱼头部的两块下巴和鱼尾烧制而成。现在有些饭店或家庭用青鱼头和尾作为主料，按理应当称为红烧头尾。若用草鱼作食材，则味道远逊青鱼。

　　青鱼是我国特有的淡水鱼，肉质营养丰富，文献中早有食用的记录。李时珍《本草纲目》载："青亦作鲭，以色名也。大者名鲩鱼。……青鱼生江湖间，南方多有，北地时或有之，取无时。似鲤、鲩而背正青色。南方多以作鲊，古人所谓五侯鲭即此。"随着时代的发展，至清代，食用青鱼之法有了很大的改变：习惯上不再将青鱼制成鱼片生食，而是将青鱼作为食材烹制成美味佳肴。王士雄《随息居饮食谱》记载："青鱼……可脯，可醉。古人所谓五侯鲭即此。其头尾烹食极美，肠脏亦肥鲜可口。"袁枚《随园食单》也有几则记录。"鱼松"："用青鱼、鲜鱼蒸熟，将肉拆下，放油锅中灼之，黄色，加盐花、葱、椒、瓜、姜。冬日封瓶中，可以一月。""鱼圆"："用白鱼、青鱼活者，剖半钉板上，用刀刮下肉，留刺在板上；将肉斩化，用豆粉、猪油拌，将手搅之；放微微盐水，不用清酱，加葱、姜计作团，成后，放滚水中煮熟撩起，冷水养之，临吃火鸡汤、紫菜滚。""鱼片"："取青鱼、季鱼片，秋油郁之，加纤粉、蛋清，起油锅炮炒，用小盘盛起，加葱、椒、瓜、姜，极多不过六两，太多则火气不透。""鱼脯"："活青鱼去头尾，斩小方块，盐跨透，风干，火锅油煎；加作料收卤，再炒芝麻滚拌起锅。苏州法也。""醋楼鱼"："用活青鱼切大块，油灼之，加酱、醋、酒喷之，汤多为妙。俟熟即速起锅。此物杭州西湖上五柳居最有名。……鱼不可大，大则味不入；不可小，小则刺多。"可见能用青鱼烹制成多种菜肴。清末，无锡和上海地区已盛行食用青鱼，上海的饭店、酒楼取用青鱼的各个部位分别烹饪成菜，满足不同食客的需求。20世纪二三十年代，经营本帮菜的老正兴菜馆、老人和馆等饭店、酒楼以擅长烹制青鱼而著名，烹饪头尾、青鱼肚裆、汤卷、青鱼划水、鱼圆、奶汤鲫鱼等各种菜肴。当时上海餐饮界各帮系的菜馆较齐全，且各店都有拿手之作。老正兴菜馆和老人和馆的厨师为了推出新品菜肴，煞费苦心，展开了充分的想象力，在青鱼头尾这道普通菜肴的基础上，对食材进行了新的加工：斩去头部多余骨头，保留下颚、鳃盖与眼膛等精华部分，并将鱼尾顺纹路切成二厘米宽的长条，经过多次试烧，终于烹制出了下巴划水这道名菜。两者相比，后者工艺更精致，加工更讲究，外型更富有想象。装盆时，因两爿整块的鱼下巴放在鱼尾两旁，看起来就像是活鱼正在划水一样，所以取名为下巴划水。由于这道菜鱼肉肥嫩，别有风味，外形美观，富有诗意，所以深受食客欢迎，20年代就闻名全市。近百年来，久享盛名，可谓是本帮菜中的艺术品。

成菜外形浓油赤酱，形状美观，入口肥嫩鲜美，汁浓味香。

烹制法

食材

青鱼下巴200克，青鱼划水(鱼尾)150克，笋片25克，酱油30克，味精1.5克，白糖、绍酒、湿淀粉各15克，葱段2克，姜末1克，青蒜丝0.5克，猪油50克，鲜汤200克，香油适量。

烹制工序

1. 取3000克以上鲜活肥壮青鱼切下鱼头，在齐臀鳍处切下鱼尾。斩掉鱼头颅骨，留下颚、鳃盖与眼眶部分，分成左右两片。

2. 鱼尾顺纹路切成2厘米宽的长条，取两爿放入盘中，两块下巴分别放在鱼尾两旁，鱼眼向上，鱼嘴朝里侧紧靠鱼尾。

3. 炒锅大火烧热，用油滑锅后，再下油烧热，投葱段煸炒出香味，将下巴与鱼尾按盘中原形小心推入炒锅，边煎边晃动炒锅，使下巴与鱼尾均匀受热，5分钟后将下巴与鱼尾翻身煎另一面，操作同上。

4. 烹入绍酒，加姜末、酱油、白糖、鲜汤、味精，加盖烧沸后，用小火焖烧五六分钟至鱼颚呈青灰色、鱼眼泛白并凸出，其间要注意转动炒锅以防粘底。

5. 待汤汁收浓时，倒入湿淀粉略勾芡，随即端起炒锅不断晃动，并挥锅让下巴和鱼尾悬空翻一下身，使卤汁紧包两面，更加入味，起锅前撒上葱花、淋上少许猪油，翻入盘中，要求保持下巴划水的形状，这是厨艺高超的显现，否则就名不副实了。

随息居饮食谱

（青鱼）可脯，可醉。古人所谓五侯鲭即此。其头尾烹食极美，肠脏亦肥鲜可口。

本草纲目

青鱼生江湖间，南方多有，北地时或有之，取无时。似鲤、鲩而背正青色。南方多以作鲊，古人所谓五侯鲭即此。

青鱼鱼尾

下巴划水

上海红烧肉

用猪五花肉烧制而成。

提起红烧肉，食客自然会想起苏东坡的《猪肉颂》："净洗铛，少著水，柴头罨烟焰不起。待他自熟莫催他，火候足时他自美。黄州好猪肉，价贱如泥土。贵者不肯吃，贫者不解煮。早晨起来打两碗，饱得自家君莫管。"苏东坡不仅喜欢吃猪肉，还深谙烹制红烧肉需"少着水"、"莫催他"、"火候足时它自美"的烹饪之道。用此法做成的肉初无菜名。1084年，苏轼从黄州复出，历任地方和朝廷官员，因受排挤，于1089年调任杭州太守，这才将黄州烧肉的经验发展为东坡肉这道菜肴。此后，东坡肉从民间进入菜馆，经过精心加工，成为浙江一道名菜。袁枚《随园食单》载"红煨肉三法"："或用甜酱，或用秋油，或竟不用秋油、甜酱。每肉一斤，用盐三钱，纯酒煨之；亦有用水者，但须熬干水气。三种治法皆红如琥珀，不可加糖炒色。早起锅则黄，当可则红，过迟则红色变紫，而精肉转硬。常起锅盖，则油走而味都在油中矣。大抵割肉虽方，以烂到不见锋棱，上口而精肉俱化为妙。全以火候为主。谚云：'紧火粥，慢火肉。'"详细地介绍了当时红烧肉的几种做法。童岳荐《调鼎集》中有"红煨肉"、"红烧肉"、"红烧苏肉"、"苏烧肉"等多种烹饪法。

红烧肉是一道传统名菜，又是一道上海人津津乐道、老少皆宜的家常菜。几乎所有的上海家庭都会做：将五花肉温水洗净切块、焯水，烧热油锅，放入肉块，稍加煸炒，倒入适量绍酒盖上锅盖去腥，然后放酱油、糖、葱姜、米醋和适量的水，盖上锅盖焖烧入味，待汤汁收稠即可出锅装盘。由于人人都会做、烹制简单，所以名菜谱上多不作介绍，也不将其列为本帮菜的代表。1979 年，中国财政经济出版社出版了一套《中国菜谱》，按地区分册，上海篇一书收入炒肉一道菜。但 1992 年出版的《中国名菜谱》上海风味一书页码增加了，炒肉这道菜却被删除了。1999 年上海文艺出版社出版的《中国食经》，收入上海名菜 26 道，红烧肉也不见其名。其实要做好正宗的上海红烧肉也并不那么简单，并不是每个厨师都能达到这种境界的。当年，中国银行沈阳分行行长卞福孙宴请张学良赴家中吃饭，因见客人在席上很少动筷，就吩咐家厨张师傅做一盘最拿手的菜——上海红烧肉。张学良夹了一块放进口中，觉得肉甜软香酥、肥而不腻，于是一边大口吃，一边赞不绝口。张师傅是当时上海有名的大厨，烹制红烧肉更是拿手绝活，非同凡响。回到府中，张学良向赵四小姐称赞晚宴中红烧肉的美味。赵四小姐为了让张学良高兴，就提出用帅府大厨交换卞福孙家的张师傅。于是，张学良给卞福孙写了一封信：“承蒙宴请，至今口齿余香，尤其对席上红烧肉更是寐寐思之，特请割爱，望借厨师一用。”卞福孙心中清楚这是明借实要，但既然张大帅开了口，岂有不从之理，当即将张师傅送进了张府。从此，张师傅为张学良做了一辈子的菜，张学良外出时也要将他带在身边。据说当时这名厨师的身价已经高达月薪六十大洋。为什么张学良那么喜欢吃张师傅做的红烧肉？那是因为张师傅烧制时讲究工序、烹饪方法，味道有异于其他大厨烧出来的红烧肉，这才使得这道菜不同凡响，让张学良百吃不厌。

　　据说，全国各地至今已有几百种红烧肉的做法，然而这几年，在全国最走红的，是标榜为本帮的上海红烧肉。烹饪时，除了酒、酱油和糖之外，不再加其他任何调味料，全凭厨师掌握火候功夫，将红烧肉做得油润红艳、香糯腴滑，充分体现出原汁原味的特点。上海人说，这才称得上正宗，也只有那些经验丰富的老厨师才能达到这种境地。

若先将整块五花肉煮烂，待冷却后分别放黄酒、或葡萄酒煮，则烹调出的红烧肉风味就完全不一样了。

成菜香味软绵、浓油赤酱、肥不腻口，瘦不嵌牙，酥而不烂。

食材

优质五花肉 500 克，冰糖 25 克，精盐 2 克，绍酒 10 克，葱结 1 个，生姜 3 片，老抽 10 克、生抽 25 克，米醋 5 克，食用油少量。

烹制工序

1. 刮去五花肉表皮垢膜，温水洗净、焯水，放冷水锅中大火烧开，中火煮至断生熄火，置原汤中自然冷却，再放到方盘中，用砧板等物品紧压定型，使猪肉更结实，然后用刀切成 3×3、或 4×4 大小的肉块。

2. 热锅里放油煸炒肉块直至微黄上色、溢出油脂。

3. 倒去油脂，放绍酒、米醋，盖上锅盖焖烧片刻去腥，下姜、葱炒出香味，再放老抽、生抽、少量盐炒匀，添开水至浸没肉，大火烧开转文火煨两小时。

4. 放适量冰糖，用大火收汁，至肉汤均匀地包裹在肉块上即成。

5. 装盘通常为摆成 3×3 的 9 连方，或 4×4 的 16 连方。

选带皮优质五花肉，最好取俗称硬五花的部位，即从前往后数第四根到第九根肋骨上方的猪肉。烹制上海红烧肉，特别需要注意四点：其一，精选优质五花肉，焯水至断生，然后用砧板压紧定型。其二，水一次加足，至浸没肉。其三，不宜经常揭开锅盖、翻炒肉块，否则味散入汤，肉块不入味。其四，讲究原汁原味，调味品只用绍酒、米醋、老抽、生抽、盐和冰糖，不添加茴香、桂皮、八角等香料。

【红煨肉三法】

或用甜酱，或用秋油，或竟不用秋油、甜酱。每肉一斤，用盐三钱，纯酒煨之；亦有用水者，但须熬干水气。三种治法皆红如琥珀，不可加糖炒色。早起锅则黄，当可则红，过迟则红色变紫，而精肉转硬。常起锅盖，则油走而味都在油中矣。大抵割肉虽方，以烂到不见锋棱，上口而精肉俱化为妙。全以火候为主。谚云：「紧火粥，慢火肉。」

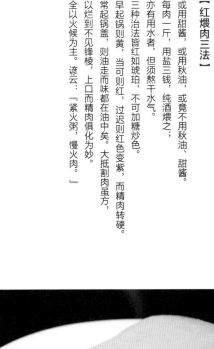

五花肉

猪肉颂

净洗铛，少著水，
柴头罨烟焰不起。
待他自熟莫催他，
火候足时他自美。
黄州好猪肉，价贱如泥土。
贵者不肯吃，贫者不解煮。
早晨起来打两碗，
饱得自家君莫管。

上海红烧肉

小绍兴白斩鸡

　　用上海浦东地区三黄鸡入汤锅煮制而成。因烹鸡时不加调味白煮而成，食用时随吃随斩，故称之为白斩鸡；又因其创始人章润生从绍兴逃难来到上海经营小饭摊，当时仅 16 岁，年龄尚小，所以又将这种白斩鸡称之为小绍兴白斩鸡；再因其用料为上海浦东所产黄嘴、黄毛、黄爪的三黄鸡，故又称三黄油鸡。

　　白斩鸡始于民间，为最简单、又最能保持鸡的原汁原味的烹饪方法之一。据文献记载，清代的乡村街镇小酒馆、饭馆已烹制这一道菜。袁枚《随园食单》载："肥鸡白片，自是太羹、玄酒之味。尤宜于下乡村、入旅店，烹饪不及之时，最为省便。煮时水不可多。"童岳荐《调鼎集》也有类似的记载："肥鸡白片，自是太羹元酒之味，尤宜于下乡村、入旅店烹饪不及时最为省便。又河水煮熟取出沥干。稍冷用快刀片，取其肉嫩而皮不脱，虾油、糟油、酱油俱可蘸用。"所谓肥鸡白片其实就是白斩鸡，言简意赅地道出了当年的制作工艺及成菜特点：烹饪简单，原汁原味、肉嫩、蘸调料而食用。《调鼎集》所记载烹饪法比《随园食单》详细而增加了一些工艺，说明了烹饪业在前人的基础上取长补短、不断发展。

　　上海开埠后，南来北往之人增多，白斩鸡也从乡村进入都市的餐馆，受到食客的青睐。但是真正让白斩鸡一跃而成为上海名菜的，则是小绍兴鸡粥店的老板章润生，时间约在 20 世纪 40 年代。

　　1939 年，绍兴人章元定离乡来到上海谋生，一时找不到工作，便做起了小生意：从东方饭店、远东饭店的厨房里批发些廉价的鸡头、鸭头和其他杂碎，每天天黑后就提着篮子到八里桥路东新桥一带的街头弄口叫卖。因章元定的叫卖声带有浓重的绍兴口音，当地居民就叫他"老绍兴"。1940年初夏，才16岁的章润牛也跟随母亲一起从绍兴逃难到上海谋生。刚开始时，他也和父亲一样挎着竹篮沿街叫卖，开始了小贩生涯，被当地居民称为"小绍兴"。后来，父子俩设法摆了个鸡粥摊，专门供应价廉物美的鸡头、鸡脚和鸡粥，并以儿子的绰号作为摊名。1945年抗战胜利后，章氏父子将小绍兴鸡粥摊搬至云南南路61A号如意茶楼门口，规模也有所扩大，他们选用浦东三黄鸡为原料，专门经营白斩鸡和鸡粥。

　　小绍兴精心烧制白斩鸡，待人和气，善于经营，吸引了不少食客前来，他的鸡摊在附近名气逐渐响了起来，生意上也有了一些起色。可是旧社会小本商人经营生意极不容易，经常有地痞流氓和警察到小绍兴白吃白喝鸡肉和鸡粥，饱餐一顿后，还要打包带回家。小绍兴看在眼里，恨在心里，但是又无可奈何。有一天，又有两个警察前来吃饱喝足之后，临走时还提出要打包带白斩鸡回家吃。小绍兴无奈，只好依从。他心里冒着火，从烧锅里取出鸡，不小心掉在地上，鸡身上粘上了灰尘。小绍兴见旁边刚好放着一桶井水，就顺手将拣起来的鸡放进去洗了一下，心想：让吃白食的警察吃了拉肚子才好呢。第二天，这两个警察又来了，小绍兴心里有些不安，怕惹出麻烦。没想到警察笑着说，昨天的白斩鸡皮脆肉嫩，特别好吃，所以今天特地再来吃，并且要带一些回家。小绍兴听了感到十分意外，细细一想，觉得大概与将热鸡放在冰冷的井水中浸过有关。于是，他跑进厨房从锅里捞出热鸡浸入井水桶中，捞出来切了两片放进嘴里细嚼，白斩鸡皮脆肉嫩，大胜以往，不由得一阵心中欣喜。仅仅因为一次无意之举，就使得小绍兴的白斩鸡名声大噪，食客大增。接着他又在火候、调料等方面下了一番工夫，做出来的白斩鸡味道更加鲜美，遂名扬上海滩，附近的七八个鸡粥摊的生意都远不及他。

云南南路地处大世界附近，周围戏园、剧场较为集中，吃夜宵的人也特别多。当时一些著名演员，如周信芳、王少楼、盖叫天等人在附近戏院演完戏后，也经常去小绍兴鸡粥摊吃夜宵，对白斩鸡赞不绝口，形成了名人效应。此后，虽然小绍兴鸡粥店的规模扩大了，店主也换了又换，但是由于该店坚持选用三黄鸡烹制白斩鸡，质量好，工序严谨，滋味鲜美，深受广大食客欢迎。1985 年，小绍兴白斩鸡被商业部评为全国优质产品。顾客们称赞说：小绍兴白斩鸡可与北京全聚德烤鸭相媲美，称得上"南鸡北鸭"，外国来宾也赞不绝口，说它是"天下第一美味"。日本某电视台还专门前往该店摄制白斩鸡经营盛况的电视片。现在，沪上经销白斩鸡的店不下百家，但小绍兴的白斩鸡始终名列首位，销售数量、质量和声誉均居全国之冠。

　　成菜色泽金黄，皮脆肉嫩，滋味鲜美，百吃不厌。

肥鸡白片，自是太羹元酒之味，尤宜于下乡村、入旅店烹饪不及时最为省便。又河水煮熟取出沥干。稍冷用快刀片，取其肉嫩而皮不脱，虾油、糟油、酱油俱可蘸用。

食材

活嫩母鸡1只（重约2000克），酱油35克，味精2克，精盐1克，白糖2克，葱结1只，姜末5克，香油适量。

烹制工序

1. 选肥壮、优质三黄鸡宰杀，开腔取出内脏，洗净后将鸡放入沸水锅均匀烫一下，提出，再烫，多次反复后，再放入汤锅内微火煮约20分钟，将鸡翻个身，再煮10分钟。

2. 至鸡浮起水面时捞起，浸入冷开水中至鸡凉，捞出倒挂沥干水分，在鸡身上搽一层麻油，以保持鸡皮色泽光亮、不变色。

3. 酱油、味精、白糖、精盐调和煮沸，放姜末、葱花制成调料。根据需要量将鸡切块装盘，蘸调料食用。

　　三黄鸡宰杀时一定要放尽血，否则鸡皮和鸡肉就会发红，达不到皮黄肉白的要求；烫毛时，掌握适当水温，不能弄破鸡皮；煮鸡最为关键的是要恰到好处：时间太久鸡肉老而皮烂，太少则未能断生而有腥味。

嫩母鸡

小绍兴白斩鸡

火夹鳜鱼

用鳜鱼加多种配料急火蒸熟而成。

鳜鱼，又名桂鱼、鳜花鱼、鳌鱼、脊花鱼、胖鳜、桂花鱼、鲜花鱼。民间也有把鳜鱼称之为鲈鱼的，王韬《瀛壖杂志》对此曾有一辨："一种黄碧色，身微扁，名鳜鲈鱼，俗呼为鬼鲈鱼，味之鲜美胜于白鲈，苏轼所谓'松江之鲈'正指此。"王韬所言极有道理。苏轼《后赤壁赋》载："客曰：'今者薄暮，举网得鱼，巨口细鳞，状如松江之鲈。顾安所得酒乎？'"文章中的巨口细鳞之鲈，显然不是四鳃鲈鱼。因为四鳃鲈鱼"体黑鳃红，其状不甚雅驯，长仅三四寸，头大而尾细，肉肥腻无丝骨，冬月以肉汁作羹汤，味极美，其肺尤佳"。而且一条小小的松江之鲈怎够两人吃呢？鳜鱼体侧扁，背隆起，头大、口裂略倾斜，体色棕黄，腹灰白，体侧有许多不规则斑块、斑点，圆鳞甚细小，为有名之河鲜。张志和《渔歌子》词："西塞山前白鹭飞，桃花流水鳜鱼肥。"陆游《柯桥客亭》："梅子生仁燕护雏，遶檐新叶绿扶疏。朝来酒兴不可耐，买得钓船双鳜鱼。"文天祥《山中谩成東刘方斋》："明日主人酬一座，小船旋网鳜鱼肥。"戴复古《松江舟中四首荷叶浦时有不测末句故及之》："且食鳜鱼肥，莫问鲈鱼美。"盛赞鳜鱼之美味。

鳜鱼肉质细嫩丰满，肥厚鲜美，少刺，故为鱼中上品。明代医学家李时珍将鳜鱼誉为水豚，意指其味鲜美如河豚。古人还将其肉质比成天上的龙肉，说明鳜鱼风味的确不凡。袁枚《随园食单》载："季鱼（即鳜鱼）少骨，炒片最佳。炒者以片薄为贵。用秋油细郁后，用纤粉、蛋清搂之，入油锅炒，加作料炒之。油用素油。"

　　清朝、民国年间，上海也盛产鳜鱼。黄协埙《横塘棹歌》："斜风细雨绿蓑衣，终日垂竿坐钓矶。道是季鹰埋骨地，至今春水鳜鲈肥。"沈壁琏《松江杂咏》："日斜爱看鱼罾举，网得松江巨口鲈。"青浦淀山湖的鳜鱼产量极高，现在每年可达 2.5~5 万斤。鳜鱼虽然一年四季均有供应，但春季鱼肉最为肥嫩可口，食之最佳，他时味道则略为逊色。

　　民国年间，上海本帮菜酒店、餐馆能用鳜鱼做出很多种菜肴，比如：豉辣蒸鳜鱼、松鼠鳜鱼、茄汁鳜鱼、家常烧鳜鱼、清蒸鳜鱼、鳜鱼蔬菜豆腐汤、葱油淋鳜鱼、浇汁鳜鱼、香煎鳜鱼、红烧鳜鱼、松鼠鱼、孔雀开屏鳜鱼、鳜鱼汤、酱香鳜鱼、柠香鳜鱼、豉汁鳜鱼等等。其中火夹鳜鱼是上海老饭店首创的名菜之一，深受食客喜爱。该道菜注重选料，讲究造型。所谓火夹，是指将火腿、香菇、鲜笋切成片夹在鱼身上的斜刀口里，使鱼身上有 16 道红、白、黑三色相间的彩色斑纹，鱼头下巴叉开，鱼尾上翘，装在盆子里蒸熟后上桌，既保留了鳜鱼的完整形态，又有鳜鱼的鱼味、火腿的香味、香菇和鲜笋的鲜味。

　　成菜造型别致，鱼肉细嫩，红白黑三色分明，鲜嫩肥俱全。

季鱼（即鳜鱼）少骨，炒片最佳。炒者以片薄为贵。用秋油细郁后，用纤粉、蛋清搂之，入油锅炒，加作料炒之。油用素油。

随园食单

食材

鳜鱼 1 条（重 600—700 克），香菇、笋片、熟火腿肉片各 25 克，绍酒 15 克，白糖 2 克，精盐 5 克，味精 1 克，香油 5 克，葱结、姜片各 5 克，熟猪油、猪板油小粒、胡椒粉若干。

烹制工序

1. 活鳜鱼宰杀，去鳞、鳃，剖腹去内脏，剥去腹内黑膜，洗净后入沸水锅略烫，刮去表皮，斩断鱼头下巴；在鱼肚里侧用刀尖划开鱼肉，拆去大骨（尾梢骨不要拆），注意鱼背皮肉仍要相连，不能切断；鳜鱼两侧等距离各刮 8 刀；熟火腿、熟笋、熟香菇各切 16 片长方片；各取一片为一叠，夹在鳜鱼身上的刀纹里。

2. 将鳜鱼背朝上，肚朝下，叉开下巴，放在长盆中；猪板油适量切成小粒，撒在鱼身上，放葱结、姜片，加绍酒、精盐、白糖、味精、熟猪油。

3. 蒸锅内加水先用旺火烧开，然后将鳜鱼上笼大火急蒸约 12 分钟，视鱼肉断生即可。

4. 揭开锅盖拣去葱结、姜片，下水生粉勾流利芡，撒胡椒粉、淋少量猪油于鱼身上即可上桌。

　　熟火腿、熟笋、熟香菇尽量切得薄些，大小均匀；入蒸锅蒸时要旺火足汽，尽快蒸熟，以防鳜鱼过熟而肉质偏老。

赤壁赋后

今者薄暮，
举网得鱼，
巨口细鳞，
状如松江之鲈。
顾安所得酒乎？

笋片，香菇片，火腿片

笋，香菇，火腿

鳜鱼

松江雜詠

日斜爱看鱼罾举，网得松江巨口鲈。

梅子生仁燕护雏，
遶檐新叶绿扶疏。
朝来酒兴不可耐，
买得钓船双鳜鱼。

横塘 棹歌

斜风细雨绿蓑衣，终日垂竿坐钓矶。
道是季鹰埋骨地，至今春水鳜鲈肥。

且食鳜鱼肥，
莫问鲈鱼美。

明日主人酬一座，
小船旋网鳜鱼肥。

漁詞子

西塞山前白鹭飞，桃花流水鳜鱼肥。
青箬笠，绿蓑衣，斜风细雨不须归。

火夹鳜鱼

四喜烤麸

　　烤麸为主料，配以香菇、黄花菜、黑木耳和花生米等四种配料烧制而成。

　　四喜烤麸是上海人过年餐桌上必备的一道凉菜，也是本帮菜馆、酒楼中的拿手菜之一。因用五种食材烹饪而成，所以又称五香烤麸；又因它是上海功德林素菜馆首创的特色名菜，故又名功德烤麸。这道菜通常采用五种原料，但是为什么偏偏称为四喜呢？所谓四喜，原指"久旱逢甘露，他乡遇故知，洞房花烛夜，金榜题名时"这四种喜事，寓含喜庆之意，菜肴也多有以四喜命名者，如：四喜丸子、四喜汤圆、四喜蒸饺、四喜馄饨、四喜馄饨、四喜鸭子、四喜福袋等，人们喜欢用四喜这个词，为的是皆大欢喜地沾上喜气。若改用五，谐音无，多不吉利。还有一种说法，四喜烤麸最早叫四鲜烤麸，上海话中鲜和喜音谐，喜字口彩更好。此外，上海方言中烤麸与靠夫音同，夫为丈夫之意，寓意家中有依靠，家庭更兴旺，至于不少饮食店将麸写作夫，可能是出于书写方便的缘故吧，久而久之，成为一种习惯。

　　烤麸用生面筋经过发酵、笼蒸而成。据说，面筋始创于三国时的吴国，直至今日，孙权后裔的居住地——浙江富阳龙门古镇还把面筋称之为孙权面筋。其制法是在面粉中加入适量水、少许食盐，使劲搅匀成面团，放置片刻后在清水中反复搓洗，把面团中的活粉（淀粉质）和其他杂质全部洗掉，剩下的就是生面筋（植物蛋白）。生面筋柔韧而富有弹性。两宋年间，面筋的各种深加工工艺，已经在江南一带广为流传。把生面筋放入沸水锅里煮熟，就成了水面筋，结构类似肌纤维，采用不同的加工方法，可以制成素鸡、素鹅等素菜；放到笼里煮熟，就成了熟面筋；将生面筋搓成球形，放到油锅里炸至金黄色，就成了球形中空的油面筋。清水油面筋是江苏省无锡市的三大特产之一，用素油炸制，创始于清咸丰年间。成品大小均匀、金黄溜圆、油光闪亮、皮薄松脆。传说由五里街梢大德桥畔一座尼姑庵的烧饭师太首创，无锡第一家挂出清水油面筋招牌的是笆斗弄的马成茂面筋店。水面筋、油面筋及其加工品可制成各种菜肴，为日常家庭食用菜肴之一，也是寺庙素食必用食材之一，价廉、物美而营养丰富。

1922 年，杭州城隍山常寂寺维均法师的弟子赵世韶居士在上海创办了功德林素食处。随着上海经济的迅速发展，客流量不断增加，饭店、酒楼也越开越多，赵世韶意识到只是用传统的面筋做菜，很难在上海的素食市场上有所突破，满足素食者对品尝素食的要求不断提高的需求，于是在 1933 年用重金请来了宁波天童寺素斋的当家主厨马阿二，创办了功德林豆制品作坊。

素食行业传统的四大主料是豆腐、面筋、笋、蘑菇。马阿二琢磨着创制一种新的素食主料，经过反复试制，他以生面筋为原料，经过充分发酵后，平摊在蒸笼中，厚度为 2~3 厘米，上笼约蒸 20 分钟，生面筋就成了一种中间有很多孔隙的海绵状食材，捏起来软软的，富有弹性，一松手又恢复到原来的样子，比直接蒸熟的熟面筋更膨松、孔隙更多，烹饪时能吸入大量卤汁。烹饪成菜肴质优味佳，颇受人们喜爱。

烤麸的开发成功，为素食菜肴增加了一种食材。上海成了烤麸的原产地，因此也有人把烤麸称之为上海烤麸。此后，马阿二将香菇、黄花菜、黑木耳、花生米作为配料与烤麸一起烹饪，又加入适量香料调味，使得该道菜颜色多样，味道鲜美而独特。当时，著名爱国人士沈钧儒、邹韬奋、李公朴、沙千里、史良、章乃器、王造时等都是功德林的座上客，四喜烤麸是他们每次前来吃饭必点的菜品之一。史良生曾撰写《怀念功德林》一文，说到七君子对功德林素菜推崇备至。

上好的四喜烤麸色如黄栗，外干里润、饱含卤汁；入口糯中带脆、香浓淳厚，略带酱汁五香味感。

久旱逢甘露
他乡遇故知
洞房花烛夜
金榜题名时

烹 制 法

食材

烤麸 250 克，花生米 10 克，香菇 8 只，干黄花菜、黑木耳各 10 克，绍酒 8 克，鲜汤 750 克，酱油 40 克，白糖 15 克，味精 1 克，姜块 1.5 克，茴香、八角、桂皮各 1 克，熟花生油 500 克（约耗 80 克）。

烹制工序

1. 香菇、黑木耳、黄花菜等食材预处理、洗净、切段备用，花生米洗净。

2. 挑选优质新鲜烤麸，顺纹路用手撕成 5 厘米长、1.5 厘米厚的长条，下锅焯水，捞出后边用清水冲洗，边用手挤压，洗尽浆水、白沫和酸味，压干水分，注意不要太用力，免得拧碎烤麸，影响外形。

3. 两次复炸烤麸。炒锅油温五六十度时放入烤麸，炸至水分收干捞出；接着将油温升至 80 度左右，倒入烤麸，炸到略脆，捞出沥油；炒锅内留余油，放入花生米炸至呈金黄色、发脆时捞出。

4. 爆香桂皮、八角和茴香，倒入黑木耳、香菇、黄花菜翻炒二分钟，放酱油、白糖、姜块、味精、绍酒、素鲜汤、炸脆的烤麸和花生米，充分搅拌均匀，烧沸后转小火煮约三四十分钟，至汤汁浓稠，转大火收干汁水，出锅装盘上桌。

　　这道菜中的关键有两处：冲洗烤麸要干净，不留下酸味和白沫；烤麸第一次要炸得干，两次复炸，烧要回得软。

新鲜烤麸

香菇，黑木耳，花生米
黄花菜，碎烤麸

四喜烤麸

生煸草头

用草头嫩叶经旺火热油加高档白酒快速煸炒而成。

草头，原名苜蓿，又名金花菜、三叶菜、黄花菜、秧草，扬州俗称黄黄子等，是一种叶子绿色、茎蔓性、开黄花、结小荚、籽如稷的豆科草本植物。原产于西域大宛，西汉时传入中国。《史记·大宛列传》载：大宛"马嗜苜蓿。汉使取其实来，于是始种苜蓿，蒲陶肥浇地"。苜蓿之名，是因"谓其宿根自生，可饲牧牛马也"。另有一种俗名叫翘摇的植物，又名红花草，乍看与草头相似，但是两者并不是同一种植物。草头开黄花，而红花草开粉红色花；做成菜肴，草头味鲜而红花草较嫩，但后者鲜味不及草头。草头以经霜打及初春时为时令蔬菜，做"生煸草头"最为鲜嫩。

苜蓿从饲料搬上餐桌，传说起始于三国时一位不知名的厨师。那时，刘备在诸葛亮的精心策划下，联合孙权，在赤壁之战中击败了曹操，形成了魏、蜀、吴三足鼎立的局面。孙权听信周瑜的美人计，将妹妹许配给刘备，企图以此要挟刘备，让蜀国交出所占之地。诸葛亮将计就计，在确保安全的前提下，让刘备去东吴娶亲。这天，孙权在镇江甘露寺设盛宴招待刘备。他们吃了全鸡、全鸭，又吃了鱼翅、熊掌，觉得肥腻了，于是传令厨师炒几个素淡爽口的蔬菜。不巧的是，此时厨房里准备下的蔬菜都用完了。匆忙之中，厨师跑到野外菜田里采了些苜蓿头，用油大火煸炒，只加了适量盐，其他调料一概不用，盛在碗里，送上食桌。生煸苜蓿颜色碧绿，香气扑鼻，刘备、孙权夹起一筷放入口中，倍感清口、味美，很快就将一盘菜吃完了，于是令厨师再炒了一盘。孙权边吃边问："这是什么菜？味道真好！"厨师见吴王夸奖，便信口答道："这是王夸菜。"自此之后，老百姓就开始将苜蓿当作蔬菜食用了。林洪《山家清供·苜蓿盘》载：草头"用汤焯，油炒，姜、盐随意，作羹茹之，皆为风味"。

生煸草头虽然味美，但是多吃了会胃嘈、乏味。五代王定保《唐摭言》载："薛令之，闽中长溪人，神龙二年及第，累迁左庶子。时开元东宫官僚清淡，令之以诗自悼，复纪于公署曰：'朝旭上团团，照见先生盘。盘中何所有？苜蓿长阑干。余涩匙难绾，羹稀箸易宽。何以谋朝夕，何由保岁寒？'上因幸东宫览之，索笔判之曰：'啄木觜距长，凤皇羽毛短。若嫌松桂寒，任逐桑榆暖。'令之因此谢病东归。"宋林洪《山家清供》所记内容与此大致相同。左庶子为教皇太子读书的先生，是不小的官了，却因每日食用草头而发牢骚，以致丢了官，真令人可叹。从此，苜蓿盘成了官员清廉的代称。陆游"苜蓿堆盘莫笑贫"诗句就用了这一典故。

宋以来，许多文人赋诗咏食苜蓿。陆游《对食作》："饭余扪腹吾真足，苜蓿何妨日满盘。"又《小市暮归》："野馔每思羹苜蓿，旅炊犹得饭雕胡。"放翁爱苜蓿，以致野馔每思，扪腹知足。南宋林洪《山家清供》、明宋濂《元史》、清程瑶田《释草小记》、清薛宝辰《素食说略》等记载了苜蓿的生食、做羹、煸炒等食用方法。

上海的文献也保留了大量农民食用草头的记录。陆遵书《练川杂咏》："麦管吹来声正好，村童挑得草头香。"倪绳中《南汇县竹枝词》："黄花郎与翘摇草，可作冬菹粥菜需。"作者自注："翘摇草，《尔雅·解草》：花有红紫白色，苗可煮食，亦可作菹。"秦锡田《周浦塘棹歌》："金花雅号是谁题，密叶丛丛剪不剂。留得黄花开朵朵，待逢立夏吃摊粞。"作者自注："金花菜，俗名'草头'。"曾给孙中山当过厨师的宋玉铭回忆：孙中山在上海时，有一天对他说，自己想吃点草头。宋玉铭听了，以为是槽头肉。次日，两人一同上菜市场买菜，宋玉铭见了才知道草头即苜蓿，是自己听错了。据此可知，上海人食用草头已经有相当长的历史，能将草头做出多种菜肴，如"炒草头"、"汤酱苜蓿"、"香苜蓿肉"等，亦有将苜蓿做饺子、馄饨馅料的。苜蓿还可以腌渍和酱制，新中国成立前上海街头经常有小贩穿街走巷叫卖"甘草梅子黄连头，腌金华菜慈姑片"。农家腌制的苜蓿，色泽金黄，香气扑鼻，略带酸味，是夏天佐餐的开胃菜。将苜蓿用开水焯过，晒成菜干，在缺少蔬菜，或逢年过节时用来烧肉，别有风味。

普通家庭或农家炒草头很简单，但是又有很多讲究：选割嫩头，洗净后沥干水分，大火烧锅，倒入足量油烧沸，放进草头，沿热锅边洒入少量水，迅速翻炒，加盐，再翻炒几下即可出锅上桌。从割草头到烹饪成菜，前后花不了半小时，那草头既新鲜，又全是嫩叶，当然鲜美别有风味。只是在那个时代，人们舍不得多放油，所以做出来的炒草头油水不足，略显干涩。

清朝末年，草头开始进入市区本帮饭馆、酒店，在菜谱上出现了炒草头之名：有钱的食客吃腻了大鱼大肉之后，也想换换口味，点上一盘碧绿、鲜嫩的草头，吃起来觉得特别爽口。但是，面对酒足饭饱后连声称赞的食客，德兴馆的厨师并没有满足于现状，总觉得这道菜还缺少特色——与家庭主妇做的没有多大区别；而且香味不足。怎样才能把这道菜做得更好？更有味道呢？

德兴馆是当时沪上最著名的本帮菜馆，许多名人政要经常在这里吃饭或设宴招待客人，吃完了饭，留在餐桌上的酒瓶里还会剩下不少没喝完的高档白酒。厨师就把这些白酒收起来。在不断的操作实践中，他们发现，炒草头时加一些高档白酒会产生一种特别的香味，但一定要适量，否则炒草头因酒味太重会产生一种怪味。经过反复摸索，厨师们总结出了每份草头放一瓶盖白酒的经验。除了盐之外，在起锅时，再加入适量红烧肉卤汁。此外，做好这道菜的关键是火候：必须用旺火。袁枚《随园食单》曰："火候须知：熟物之法，最重火候。有须武火者，煎炒是也；火弱则物疲矣。……司厨者，能知火候而谨伺之，则几于道矣。"强调了某些菜肴必须用旺火烹饪，炒草头就是其中之一。炒草头出了名之后，德兴馆厨师觉得此名太俗气，于是改名为生煸草头。草头除了生煸之外，饭店还用作扣肉、乳腐肉、红烧肉、走油肉等荤菜的垫底。这样的搭配，既有色的调配，又有味的佐托，还能缓解食客的油腻感。从普通家庭的炒草头到饭店的生煸草头，虽然只有两字之差，烹饪法也只有小许不同，但味道却迥然不同，这说明了"烹小鲜"值得不断探索、精益求精。

草头还有健身利体之功效。《本草纲目》记载：多吃草头可以"利五脏，轻身健人，去脾胃间邪热气，通小肠诸恶热毒"。

成菜颜色碧绿，既有淡淡的酒香，又有草头的清香，入口柔软鲜嫩，清口解腻，尤其是在朵颐大鱼大肉感到油腻时食用，更感到可口鲜美。

史记

【大宛列传】
马嗜苜蓿。汉使取其实来，于是始种苜蓿、蒲陶肥饶地。

食材

鲜嫩草头 250 克，红烧肉卤汁 15 克，白糖 3 克，猪油 100 克，味精 1 克，白酒 5 克，精盐适量。

烹制工序

1. 选用新鲜嫩草头，洗净沥干水，放在容器中，草头上洒上适量盐，手勺中倒入按比例兑了水的白酒。
2. 炒锅烧得滚烫，放入油荡匀锅底，倒出热油，舀入适量猪油炝锅。草头倒入热油锅，随即将手勺中的白酒沿炒锅边缘均匀洒下去。左手操起锅把颠翻，右手持手勺均匀翻搅草头。
3. 洒下热锅的白酒碰上滚烫的炒锅，即刻沸腾起来形成雾化，锅内飘出飞火。锅底旺火，锅内飞火，两火相攻，使得草头在最短的时间内均匀受热。这就叫生煸，是这道菜成功的关键之一。
4. 炒锅内的草头很快煸软，加入白糖、味精、红烧肉卤汁等佐料，翻匀后装上盆子即可上桌。

据传，上海老饭店的厨师做这道菜最为擅长，烈火烹油，草头下锅到出锅只有十余秒钟的时间，这就是手上的功夫、一流的厨艺。值得一提的是，普通家庭所做的是酒香草头，而不是生煸草头，原因就是火候不够旺，草头在锅内受热不均，以致有的过生，有的过熟；颜色有的碧绿，有的偏黄；入口时缺少鲜香、甘甜味，看和吃都逊色很多。

鲜嫩草头

《山家清供》

【苜蓿盘】

用汤焯，油炒，姜、盐随意，作羹茹之，皆为风味。

《本草纲目》

（草头）

利五脏，轻身健人，去脾胃间邪热气，通小肠诸恶热毒。

南匯縣竹枝詞

黄花郎与翘揺草，可作冬蔬粥菜需。

周浦塘棹歌

金花雅号是谁题，
密叶丛丛剪不剂。
留得黄花开朵朵，
待逢立夏吃摊粞。

練川雜詠

麦管吹来声正好，村童挑得草头香。

生煸草头

瓜姜鱼丝

用鳜鱼或青鱼肉与酱瓜、酱姜滑炒而成。

瓜姜鱼丝为上海和江苏地区夏秋季节的时令菜肴。

用酱瓜、酱姜与鱼肉相配做菜，历史悠久，清代年间已成为官府厨房的一道名菜，专供达官贵人享用。袁枚《随园食单》详细记录了有关资料："尹文端公，自夸治鲟鳇最佳，然煨之太熟，颇嫌重浊。惟在苏州唐氏，吃炒鳇鱼片甚佳。其法切片油炮，加酒、秋油滚三十次，下水再滚起锅，加作料，重用瓜、姜、葱花。尹文端公名继善，字元长，号望山，雍正朝进士，曾任巡抚、总督等职，官至文华殿大学士兼军机大臣。鲟鳇，鱼名。"吴自牧《梦粱录·肉铺》载："大鱼鲊、鲟鳇鱼鲊等类。"徐珂《清稗类钞·动物·鲟鳇》："鲟鳇，一名鳣，产江河及近海深水中。无鳞，状似鲟鱼，长者至一二丈，背有骨甲，鼻长，口近颔下，有触须，脂深黄，与淡黄色之肉层层相间。脊骨及鼻皆软脆，谓之鲟鱼骨，可入馔。"作为朝廷重臣的尹继善自夸家中厨师鲟鳇鱼这道菜做得好，并用来招待客人，可见这道菜不是一般的家庭吃得起的。但是却遭到美食家袁枚的批评：煮的时间太长，鱼肉太老，可见烹制时需掌握火候与时间。而唐氏家做的鳇鱼片炒酱瓜、酱姜，袁枚品尝之后，赞不绝口，并且详细记录下了烹制的方法。

这道菜，除了鱼之外，还有酱姜和酱瓜两种食材。袁枚《随园食单》中也有较为详细的记录。酱姜之做法："生姜取嫩者微腌，先用粗酱套之，再用细酱套之，凡三套而始成。古法用蝉退一个入酱，则姜久而不老。酱瓜之做法：将瓜腌后，风干入酱，如酱姜之法。

不难其甜，而难其脆。杭州施鲁家，制之最佳。"

这道菜传至江南后，厨师结合本地的具体情况加以逐步改进。由于江南没有鲟鳇鱼，于是改用鱼肉鲜嫩、细骨少的鳜鱼或青鱼作为食材；原料形体由大变小，刀工也由粗变细：将原先的鱼片改切成鱼丝，粗细与酱瓜丝、酱姜丝相同，更为精致；采用滑炒烹饪法——海派菜系的创新潮流。据文献记载，清代后期此菜曾流行于江苏和上海地区，但以上海烹制的瓜姜鱼丝更负盛名，最受食客欢迎。合兴酒菜馆的瓜姜鳜鱼丝为该店新增名菜之一。

成菜色泽洁白，鱼丝细嫩，瓜姜香脆，咸鲜适口。此外，瓜姜肉丝、瓜姜子鸡均为上海夏秋季的时令菜，颇受食客欢迎。

尹文端公，自夸治鲟鳇最佳，然煨之太熟，颇嫌重浊。惟在苏州唐氏，吃炒鳇鱼片甚佳。其法切片油炮，加酒、秋油滚三十次，下水再滚起锅，加作料，重用瓜、姜、葱花。

尹文端公名继善，字元长，号望山，雍正朝进士，曾任巡抚、总督等职，官至文华殿大学士军机大臣。

鲟鳇，鱼名。

生姜取嫩者微腌，先用粗酱套之，再用细酱套之，凡三套而始成。古法用蝉退一个入酱，则姜久而不老。

酱瓜之做法：将瓜腌后，风干入酱，如酱姜之法。不难其甜，而难其脆。

杭州施鲁家，制之最佳。

烹制法

食材

青鱼或鳜鱼1条（重约600克），酱姜，酱瓜各25克，绍酒15克，葱段、味精各1克，精盐2克，熟猪油200克（约耗75克），干湿淀粉各5克，香油5克，鸡蛋1个，鲜汤50克。

烹制工序

1. 取鳜鱼或青鱼宰杀、洗净，斩去头尾，鱼肉中段去皮、去骨，细切成鱼丝，放入碗内，加鸡蛋清、精盐、味精、绍酒、干淀粉充分拌和上浆。

2. 酱瓜、酱姜细切成丝。

3. 炒锅烧热，下猪油烧至五成热，将鱼丝下锅滑油，至断生捞出沥干油。

4. 锅内留油少许，下葱段、姜丝稍煸，加鲜汤少量，盐和味精适量，用火烧开后，用湿淀粉勾芡，倒入鱼丝和酱瓜丝、酱姜丝炒和，淋上麻油，出锅装盘。

鱼丝，酱姜丝，酱瓜丝

瓜姜鱼丝

扣三丝

用火腿丝、鸡脯丝、竹笋丝、猪肉丝蒸制而成。

扣三丝这道菜最早出现在上海郊区的小饭馆中，是经过几代家传的饭馆老板经过反复实践、思考而创制出来的。三丝，指猪肉丝、鸡脯丝、竹笋丝，各占一份。扣三丝又是最考验刀工的功夫菜：按照传统做法，一客扣三丝总共要有1999根，成为本帮菜中厨艺最精致的菜肴之一。

扣三丝这道菜寓意丰富。有人说，扣三丝象征团结：三丝紧贴在一只碗中，分都分不开。也有人说，结婚宴上，碗中的扣三丝堆得高高的，形似小山头，象征女儿嫁到男家后财物多得像金山银山，发财致富。由于刀工讲究，味道鲜美，寓意吉祥，饭店的菜谱上写有扣三丝菜名，足以炫耀本店的厨艺高超，博得食客的赞赏。以前，在上海地区宴请贵宾时，尤其是上档次的酒席上，扣三丝是压轴菜之一。

将扣三丝这道菜由乡村街镇小饭馆引进浦西大饭店的是李林根。1926年，17岁的李林根从出生地三林塘来到德兴馆谋生，他厨艺精湛，擅长烹制炒肉、走油蹄髈、糟扣肉、糟钵头、扣三丝等本帮菜。

小饭店里的特色招牌菜一旦进入大饭店，为了适应新的需求，就有了进一步改进和提高的要求。由于这道菜的三种食材都是白色，颜色过于单调。于是，厨师采用肉色红润、香气浓郁的火腿代替肉丝作为三丝之一，而将肉丝排在三丝的中间，因此，从外表上看到的只有火腿丝、鸡丝和笋丝。实际上这时以及后来定型的扣三丝已经变成扣四丝了。但由于人们对四的发音有所忌讳，且扣三丝之名已为食客普遍认可，所以仍然沿用原名。为了使这道菜做得更精致、色彩更醒目，厨师们又调整了三丝的比例：原来三丝各占一缕，经过反复实践、调整，改为火腿丝占三缕、鸡丝占一缕、笋丝占两缕，总共为六缕。与原来的扣三丝相比，改进后的扣三丝由原来的纯白色变为红白相间，带有喜庆色调；将三缕调整到六缕，看起来更精致，由单数改为了双数，寓意"六六大顺"；肉丝、鸡丝、笋丝中放入火腿丝，在鲜味中增加了香气。

中国菜讲究色香味形。扣三丝最早的做法是将鸡丝、肉丝、笋丝整齐地排列在碗底，上笼蒸熟后，再倒扣在大汤碗里。形状底部大而"个子"矮，犹如馒头状，外形欠佳。怎样能让三丝在清汤盆里堆得细而高，既有特色，又有好口彩，就必须改变传统用碗来扣的工艺。

经过反复摸索，厨师们用细长的杯子代替汤碗用作容器，并在杯子底部开一个小孔，放上一块香菇垫底，方便倒出蒸熟后的三丝。做扣三丝这道菜时，先把肉丝、鸡丝、火腿丝按比例均匀地排在杯壁上，中间再填入肉丝。上笼蒸熟取出杯子，口朝下放在汤碗中，用筷子戳动垫在杯子底部的香菇，再将清汤倒入小孔，三丝与杯子间出现了空隙，小心提起杯子，扣三丝就完好地耸立在汤碗中了。扣三丝所用清汤，是用鸡、猪腿肉等食材用文火熬制的高汤。

扣三丝由于制作讲究，别有风味，一时成为申城特色佳肴，美食家和社会各界名流竞相慕名而来品尝，同时这道菜也可称之为是一道厨艺艺术品。著名电影艺术表演家白杨品尝了上海老饭店烹制的扣三丝后，撰文称赞道："我在上海居住了好多年，最初对本地名菜扣三丝一无所知，朋友向我推荐，也引不起我的兴趣。有一天，在老饭店吃了这个菜，竟出乎意料，猛一看，汤碗中间堆着的红白黄色彩分明，像一个馒头，细看竟是一根根比火柴梗还细的丝，排的齐齐整整，堆砌的圆滚滚的，当挥动筷子，把火腿、鸡肉、冬笋和鲜猪肉的鲜嫩细丝送进嘴里细细咀嚼，又喝着清醇的汤汁，这才觉得风味醇正爽口，咽下肚去还觉得回味无穷，给我留下印象难以忘怀。从此，我不但爱吃这个菜，而且也常向朋友推荐了。"经过白杨笔下惟妙惟肖的描绘，这道菜的特色油然浮现在眼前：精致而高雅。

成菜红白相间，三丝排列整齐、紧密，呈饱满的半圆球形，色泽淡雅，汤清味鲜。

烹制法

食材

熟猪腿坐臀肉 125 克，熟火腿 35 克，熟鸡肉脯 50 克，笋 50 克，水发冬菇 1 只，精盐 5 克，味精 2 克，猪油少许，绍酒、鲜汤各适量。

烹制工序

1. 猪肉、火腿肉分开煮熟，先片后切，片需薄如纸片；瘦、肥猪肉分开切、放；冬笋也要先片后切，过热水氽熟；猪肉、火腿肉和冬笋均切成 4.9 厘米长的细丝，能达到"穿针引线"的境地，且要根根均匀，非常讲究。

2. 鸡脯丝由厨师顺着鸡肉纤维手撕完成。

3. 水发香菇去蒂、洗净。

4. 将三丝排列到扣盅里，香菇覆盖住盅底气孔，火腿丝分成三缕，整齐地紧贴盅壁排列在扣盅的三对角，再紧贴盅壁排入一缕鸡丝、二缕笋丝。三丝不能断、不能扭曲。肉丝放在中心，按结实，再放上些肥膘丝，加入精盐、味精。

5. 上笼用旺火蒸 10 分钟，出笼将扣盅翻扣在透明的玻璃盆里，形状就像是一座色泽分明的宝塔；加清汤，淋上熟猪油，再飘两三叶豆苗嫩芽。

　　这道菜强调刀工精致，装扣盅厨艺娴熟。蒸扣三丝使用专门的扣盅，形状上宽下窄，高 7.8 厘米，口径 8 厘米，盅底留有一气孔。将三丝排列到扣盅里的工序也很关键。因为眼睛看不见，全靠厨师的手感，其难度可想而知。厨师一般要苦练五六年才能做出像样的扣三丝。

鸡丝，笋丝，肉丝，火腿丝

扣三丝

红烧圈子

用猪直肠烧制而成。

猪肠是猪下水中异味最重的部分，由于清洗加工困难，若不得其法或操作不当，用其烹制的菜就会有一股难闻的腥臊味，所以市场上售价很便宜。富商大户人家认为其脏、异味重，一般都不吃。但是在民间，逢年过节宰杀猪后，俗称猪下水的各种猪内脏却被烧制成各种佳肴，其中猪肠经过加工，做成红烧猪肠是餐桌上别有风味的一道佳肴：入口酥糯绵柔、肥而不腻、略有嚼头，除了满足自家人的口福之外，也可以用来招待客人、街邻。在平日里很少能吃到荤菜的年代里，能吃到红烧猪肠是一种很大的享受。《调鼎集·烧肠》曰："将大小肠如法治，扎住头，用清水入花椒、大茴煮九分熟，捞出沥干，将肠切段，肝切片，再入吊酱汤老汁慢火煮烂，入整葱五六根，捞出，将豆粉调稀，同熟脂油四五两倾入汁内，不住手搅匀，如厚糊即可用。"同书又载："肉汁煨肠、肉灌肠、风小肠、糟大肠、套大肠、瓢肠、重烧现成熟肠。"由此可见中国人食用猪肠历史的悠久。

清朝末年，上海郊区的小镇和市区的小餐馆、饭摊都有红烧猪肠这道菜，由于价廉物美，油水足，吃得过瘾，所以销路不错，食客众多，厨师还动脑筋用猪大肠烹饪出了肠汤粉线、肠血汤等新菜肴。但是，有名的酒楼和大饭店的菜单上是没有这一道菜的，因为其名不雅，且原料腥臊味重。

1862年，正兴馆开张了，老板祝正本和蔡仁兴年富力强，想把饭馆办得更有特色，吸引不同身份的食客，赚取更多的利润，所以每天亲自去菜市场采购，总要买上几挂猪大肠。但他们发现了一个问题：猪肠以挂卖，按其形状和部位，可分为大肠、小肠和肠头三个部位，但厨师在加工猪肠时，只用大肠、小肠，而将最末端的那一截直肠（也就是肛门的那一段）扔掉，是很大的浪费；而且直肠油多肠壁厚，若加工得法，未必不是一道喜欢吃油水重菜肴食客的好菜。于是正兴馆老板吩咐厨师试用直肠做菜，经过几番周折，改进了几次工艺，终于烹制出了红烧直肠，并将这道新菜肴以食材命名，通俗地称作炒直肠。原本的"垃圾食材"经过厨师精心加工，食客们惊喜地发现，这道菜价格便宜，口感软糯绵滑，味道酱香浓厚，圈子肥厚，脂油足，有嚼劲，吃起来比大肠、小肠味道更好，只是菜名粗俗不雅，一经联想，食客就难以下咽。

猪直肠的圆径较大，煮熟后像根柔软的圆棒，切断以后便成为一个个圈子，经热心人指点，正兴馆就将这道菜按照其形状改名为炒圈子，亦称烧圈子，后来又正式称为红烧圈子。正兴馆的红烧圈子成菜外形挺直、均匀，立体感强，色、香、味、形俱全，受到食客一致称赞。其他本帮菜馆纷纷效仿。诸多老正兴中的后起之秀，如东号老正兴和雪园老正兴的老板甚至将这道菜列为必须做到最好的菜肴之一。

这道本帮菜在20世纪20年代的上海滩久负盛名。1929年出版的《老上海》一书中有专门介绍："饭店之佳肴，首推二马路外国坟山对面，弄堂饭店之'正兴馆'，价廉物美。炒圈子一味尤为著名。"1948年出版的《上海市大观》也有记载："本帮菜，当地风光，历史最早。而在胜利前的几年中，又风行了一时……本帮菜中，以红烧为优，油而不腻，秃肺、圈子、腌鲜汤、黄豆汤，是特有的菜肴。"当年发明蝴蝶牌牙粉的陈蝶仙最嗜好这道风味，常去老饭店或弄堂饭摊品尝炒圈子，甚至与朋友谈生意、商量出版事宜时也特地去经营炒圈子的饭店，借炒圈子营造的家常氛围来促进谈判。30年代时，为了弥补猪直肠油脂太多，吃多了会感到油腻的不足，经营红烧圈子的饭馆对这道菜做了进一步的改进。厨师们将草头、豆芽作为垫底，称之为圈子草头、圈子豆苗等。其中，德兴馆烹制的圈子草头，更是受到上海滩流氓大亨杜月笙的青睐。他每次前来吃饭或请客，一定要点上一盆，百吃不厌。这道菜中的草头吸收了大肠的油脂，而大肠又沾上了草头的清香；看上去红绿相衬，外形更美。有食客说：单吃圈子，感觉太腻；单吃草头，又觉得不够爽快。此话点到了这道菜的特色与关键。近百年来，这道菜一直盛名不衰，为中外顾客所喜爱。

成菜色泽金黄，酥烂软糯，汁浓味鲜，肥而不腻，尤宜冬季食用。

肉汁煨肠、肉灌肠、风小肠、糟大肠、套大肠、瓤肠、重烧现成熟肠。

【烧肠】

将大小肠如法治，扎住头，用清水入花椒、大茴煮九分熟，捞出沥干，将肠切段，肝切片，再入吊酱汤老汁慢火煮烂，入整葱五六根，捞出，将豆粉调稀，同熟脂油四五两倾汁内，不住手搅匀，如厚糊即可用

食材

猪直肠头 1000 克，香醋、精盐、酱油、绍酒各 30 克，酱色 1 克，盐 20 克，白糖 10 克，味精 3 克，姜片 6 克，小葱 5 克，肉汤 150 克，湿淀粉 20 克，香油 5 克，熟猪油 50 克。

烹制工序

1. 先用温水洗净猪肠，剥去多余的絮状油脂，但附在肠壁上的油脂是干净有用的，不能全部剥光。用盐或者面粉搓洗大肠三四次，去除黏液、异味，用自来水冲洗内侧，入冷水锅旺火烧沸取出、洗净；若还有异味，则再入冷水锅旺火烧沸取出、洗净，直至大肠没了腥臊味，才算完成了预处理。

2. 沥干水分，再入锅加水、葱、姜煮开，撇净浮沫，加绍酒煮半至 1 小时，当用筷子能轻松戳进大肠时，从锅内取出猪肠。

3. 待完全冷却，取直肠切成 2 厘米长的小圆段，入锅加酱油、白糖、绍酒、味精和少量肉汤，大火烧沸，转用小火焖五六分钟，再用大火收紧卤汁，下适量湿淀粉勾芡，浇上少许熟猪油，炒和即成。亦可将草头、豆苗垫底，看上去红绿相配养眼，吃起来更是别有一番风味。

煮熟的猪直肠

红烧圈子

红烧鮰鱼

用鮰鱼烧制而成。

鮰鱼学名长吻鮠，又称江团、鮠鱼、白吉、肥头鱼、鮠鱼等，分布于长江水系，各地称名不同，比如四川叫川江江团、贵州叫赤水习鱼、湖北叫宜昌峡口肥鱼、湖北叫石首鮰鱼、安徽叫淮河回王鱼、江苏叫南通狼山白鮰等，均为各地名产。但下游产量较高。从吴淞到杨行、月浦、罗店、浏河、崇明一带的长江口是鮰鱼的最重要产区，素享盛名。鮰鱼体长，腹部浑圆，尾部侧扁，体色粉红，背部稍带灰色，体表裸露无鳞，一般体重一二公斤，大的可有三四公斤，少数可达十公斤以上，鱼色泽光亮，柔嫩润滑。鮰鱼与银鱼、刀鱼和鲥鱼合称长江四鲜，又与刀鱼、鲥鱼共称长江口三宝，是长江鱼资源中的珍贵品种。其肉质细腻味美，鲜嫩不腥，没有细刺，兼具鲥鱼之味、河豚之鲜。大多无鳞鱼胆固醇含量较高，而鮰鱼却极低，与牛肉含量不相上下。

传说中的鮰鱼原为天上监督管鱼之神，因私自下凡，被玉皇大帝压在长江大石之下。一天，有一只黄鹤飞过江面，听到江中有鱼儿呼救，遂潜入江底，见鮰鱼被压巨石下，遂产生了同情之心，便向玉帝上奏，免去了其牢狱之罪。

鮰鱼的传说听起来很梦幻，吃起来则别有一番滋味，宋代文学家苏东坡曾在品尝长江鮰鱼后，即兴赋诗《戏作鮰鱼一绝》："粉红石首仍无骨，雪白河豚不药人。寄语天公与河伯，何妨乞与水精鳞。"称赞了鮰鱼的特点与鲜美。

鮰鱼的做法甚多，有白汁鮰鱼、红烧鮰鱼、粉蒸鮰鱼、清汆鮰鱼、清蒸鮰鱼、烩鮰鱼片等。淮扬名菜白汁鮰鱼是酒楼里比较常见的一种，选 1000 克左右春鮰为主料，配以春笋焖制而成。成菜素雅色白清爽、鮰鱼软糯肥润、笋嫩如豆腐脑，汤浓汁厚粘唇，味道清香鲜美，堪称名品佳肴。而在上海本帮菜中，红烧鮰鱼最早由 1937 年建于吴淞老镇上的永兴酒菜馆推出。该店凭借地临江河、吴淞鱼市水产品丰富的优势，烹饪长江口产各类水产，尤以红烧鮰鱼、清蒸刀鱼、银鱼炒蛋等菜肴名闻遐迩。"八·一三"淞沪抗战，永兴酒菜馆被日军炮火摧毁，次年战事西移，该店员工黄宝初遂与志同道合的 5 个同乡合资在淞兴路同泰路口毁于战火的徐洪盛百货店地基上搭建了简易房经营餐饮业，取名合兴酒菜馆，所谓合兴，寓意合作经营、兴旺发达。孰料开业两年，生意清淡，黄宝初不由产生了关门歇业的念头。一天晚上，他梦见一条大青蛇口衔一条鮰鱼径直游至床前，惊醒后思忖，莫非是神蛇指点，菜馆当以烹制鮰鱼为主，于是决定继续营业。

　　黄宝初重开合兴酒菜馆，按照梦境指点专攻鮰鱼菜肴系列。经过反复实践，终于烹调出了别具风味的红烧鮰鱼，顾客品尝之后，一致赞不绝口。合兴酒菜馆烹制的红烧鮰鱼有三个特点。首先，讲究食材的选用。取 3~5 月，或 8~10 月洄游到吴淞口附近的鮰鱼为原料。这两个季节的鮰鱼肉质细嫩，壮而不肥，而且当天采购当天食用，绝不用死鮰鱼，也不用冰冻过的鮰鱼，这就保证了红烧鮰鱼肉质鲜美细嫩的特点。其次，添加特制的浓郁鲜汤，让浓油赤酱的卤汁紧包在鮰鱼身上，使鱼肉更入味三分，客人食后回味无穷。再次，烹制时特别注重火功，采用"两笃三焖、三次补油"的工序，一盆鮰鱼至少要烧上半个小时，其中两次用旺火，每次二三分钟，较长时间用文火焖，使得鱼块完整而鱼肉酥绵细糯。鮰鱼兼有河豚、鲫鱼之鲜美，而无河豚之毒素和鲫鱼之刺多，不仅好吃，又有补中益气、开胃利水之功效。

合兴酒菜馆烹制的红烧鮰鱼，色泽深红光亮、微溢酒香，细细尝之，肉质鲜嫩、异常鲜美。老食客们奔走相告："吴淞合兴馆的'红烧鮰鱼'很出色，人人喜爱。"沪上小报也纷纷登载"要吃鮰鱼请到吴淞合兴馆"的广告，一些商人也慕名前去品尝，以致一时形成了"郊游吴淞，品尝鮰鱼"的风习，红烧鮰鱼自此成为沪上名菜之一，名扬淞沪，海内外食客纷纷慕名前来。市区的同行，如德兴馆、老正兴、上海老饭店的厨师都扮成食客前去品尝这道名菜，暗中窥探烹制好红烧鮰鱼的窍门，然后在店里也推出了这道菜以招徕食客。就连当时在中国银行公馆厨房掌勺的莫氏三兄弟中的老大莫有庚——扬州菜系著名厨师，也不避模仿之嫌，特地三次前去合兴酒菜馆品尝红烧鮰鱼，实质是取经学习，返回后在公馆的厨房里反复试烧，终于也烹制出了色香味形俱佳的红烧鮰鱼，并成为莫家菜中的一道名菜。由此可见，美味充满了传承生命力。

20 世纪 50 年代末，国家副主席宋庆龄在海军司令员萧劲光大将陪同下视察张庙一条街时，曾在张庙外宾招待所品尝了由合兴酒菜馆名厨烹制的红烧鮰鱼。复旦大学教授苏步青也曾多次前往合兴酒菜馆品尝了此菜。

成菜外观色泽红亮，汤汁浓稠，入口鲜嫩不腻，被称为是本帮菜中的头道功夫菜。

从吴淞到杨行、月浦、罗店、浏河、崇明一带的长江口是鮰鱼的最重要产区，素享盛名。

食材

新鲜鮰鱼 1 条（600 克以上），熟嫩笋片 50 克，绍酒 15 克，酱油 40 克，精盐 1 克，白糖 25 克，味精 2 克，葱段 15 克，肉清汤 750 克，豆油 50 克，熟猪油 50 克，胡椒粉少许。

烹制工序

1. 宰杀活鱼，清除内脏、鱼鳃，洗净鱼体，沥干血水，均匀斩块。

2. 炒锅加油烧热，葱姜爆锅后，用大火重油煎透鱼块，收紧表面水分，倒入黄酒，盖上锅盖，使酒味充分逼入鱼体，去除腥味；再加酱油、糖，盖上锅盖焖 5 分钟。

3. 当鱼上色紧缩时，加入预制的高汤，补上一次油，改小火焖半小时。这期间不能揭开锅盖，让锅里的油、酱油和糖完全融合，形成粘稠的胶质状汁水，包裹住鱼块。如果揭开锅盖，蒸汽一散，就不能达到油、酱油和糖融合一起裹住鱼块的效果。

4. 待锅内汁水变稠，揭开锅盖，再加一勺油，称之为明油，增加鱼块浓郁的油香和光亮的色泽，盖上锅盖，用中火焖至汁水收紧，起锅装盆。

　　鮰鱼一般以春季所产为最佳，称春鮰；秋季所产亦肥腴，有菊花鮰之说。同是鮰鱼，如果清蒸，最好是 2 斤左右的春鮰，太小者肉少而味薄、太大者肉质偏老；如果红烧，一般要用 3 斤以上肉质紧实、体态肥腴的春鮰，或者菊花秋鮰。

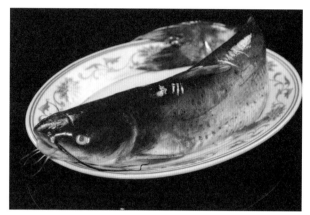

新鲜鮰鱼

鮰鱼块

鲥 刀 鮰
鱼 鱼 鱼

長江四鮮

鮰银刀鲥
鱼鱼鱼鱼

粉红石首仍无骨，
雪白河豚不药人。
寄语天公与河伯，
何妨乞与水精鳞。

红烧鮰鱼

竹笋鳝糊

用新鲜嫩竹笋与黄鳝烹制而成。

食用黄鳝，文献早有记录。袁枚《随园食单》一书中有三则记录。"鳝丝羹"："鳝鱼煮半熟，划丝去骨，加酒、秋油煨之，微用纤粉，用真金菜、冬瓜、长葱为羹。南京厨者辄制鳝为炭，殊不可解。"指出了南京厨师烹制鳝丝羹时火头过旺，以致总是把鳝丝烧焦，真令人难以理解。"炒鳝"："拆鳝丝炒之，略焦，如炒肉鸡之法，不可用水。""段鳝"："切鳝以寸为段，照煨鳗法煨之，或先用油炙，使坚，再以冬瓜、鲜笋、香蕈作配，微用酱水，重用姜汁。"童岳荐《调鼎集》记录有"油炸鳝鱼丝"："切寸五分段，配笋片、火腿烧。珍珠果炒鳝鱼丝。""脍鳝鱼"："取活鱼入钵，罩以蓝布袱，滚水汤后洗净白漠，竹刀勒开去血，每条切二寸长，晾筛内，其汤澄去渣，肉用香油炒脆，再入脂油复炒，加酱油、酒、豆粉或燕菜脍。软鳝鱼取香油煮或油炒，用豆粉下锅即起，下烫鳝汤澄清，加作料、脂油滚，味颇鲜。"可见，古人已能将黄鳝制成不同的菜肴。

黄鳝也是上海人常食的水产品之一。陈祁《清风泾竹枝词》："鳝黄鳗白蛤蜊鲜，生计惟知问网船。"可知上海人不仅吃黄鳝，而且还捕捉黄鳝出售，以补添生计。当然也有人买黄鳝，否则也不会有人卖。上海人吃黄鳝有多种做法。最简单的是将黄鳝活杀后切段沥干水分红烧：用油煸炒后，加入黄酒、盐、糖、葱姜、酱油等佐料，烧开锅再煮七八分钟即可出锅装碗，称作红烧鳝筒、红烧鳝段，是一道营养丰富、味道可口的菜肴。遇上节日，或来了客人，可以将黄鳝与猪肉一起烧，称为红烧猪肉黄鳝，浓油赤酱，食之大补，是春末和夏季家常菜中的美味。

本帮菜饭馆最早也将黄鳝烧成红烧鳝段，称鳝大烤，直至清朝后期才推出清炒鳝丝：将黄鳝用热水烫死后划丝清炒，出锅前撒上胡椒作调料，不过食客不多，因此这道菜并不出名。原因在于，清炒鳝丝中的鳝丝皮不完整，有碎屑，腥味较重。30 年代，以经营糟菜出名的同泰祥酒楼厨师对这道菜的烹饪工艺进行了一系列改进，将清炒鳝丝改制成清炒鳝糊，使之色香味独具特色。这其中有什么奥秘呢？

同泰祥酒楼改进了烫杀工艺，使木桶里的黄鳝上下均匀受热。原先加工黄鳝，通常是几十斤放在一只大桶里，覆盖上竹篾盖子，倾入开水，烫至黄鳝张开口，捞出划丝。但这样的预处理会产生一个问题：上层的黄鳝受热温度较高，容易破皮；而下层的黄鳝浸泡时间太长，肉质松软。烫杀黄鳝若动作稍慢，浸泡在开水里的黄鳝，不是过老就是破皮，既影响外形，也影响口感。为了均匀烫杀黄鳝，同泰祥酒楼的厨师动脑筋设计了一只专用木桶。在木桶底部一侧开一小口，内部蒙上铁丝网，外面塞上软木塞。将黄鳝倒进木桶后，先洒下一小碗盐，黄鳝被盐腌痛，在桶里上下乱窜，一刻不停，然后倒入放了葱、姜、黄酒和米醋的开水，一次就完成了黄鳝的烫杀、去腥、去粘液等多道工序。等到黄鳝张开口，即拔出软木塞，热水迅速从小孔流出，而黄鳝则留在了桶内。这就是当年同泰祥酒楼厨师想出的、在最短的时间内烫杀黄鳝的独特方法！黄鳝由于受热均匀，保证了划丝的质量。

同泰祥酒楼还改进了清炒鳝丝的烹饪方式，采用"荤油炒、素油烧、麻油浇"的工艺，使得鳝丝煸得透、不粘锅、表皮完整、香气四溢。此外，厨师们又在清炒鳝丝的基础上发展出了清炒鳝糊。两者最大的区别在一个糊上，要点是烹饪时煸透的鳝丝上淋上厚厚的芡汁，并用勺子将浓稠的糊状鳝丝平摊到锅底上炙烤，使一部分受热较多的糊状鳝丝板结在锅底上焦化，散发出缕缕诱人的焦香味。上好的清炒鳝丝不光鳝丝完整，而且看上去要黏糊糊的，闻起来、吃起来都要带有一丝焦香味。这才称得上是正宗的清炒鳝糊。

清炒鳝糊出锅装盘，用勺子在中间摁一个窝，放入葱花、胡椒。店小二一手托着盘子，一手拎着装着滚烫油的小油壶，上桌后当着食客之面，将热油浇上去，烫得葱花吱吱作响，满屋飘香，故又称之为响油鳝糊。这一招能吸引食客的眼球，引起他们的食欲。

当时，各饭店都做模仿同泰祥酒楼烹制清炒鳝糊，未免就缺少了独有的特色。20世纪30年代，同泰祥酒楼的厨师根据上海食客喜欢食用时令菜蔬的特点，每到春季，在清炒鳝糊中配以早春上市的嫩竹笋，不仅营养丰富，而且吃起来更加鲜美可口，深受顾客欢迎，于是竹笋炒鳝糊这道菜就在沪上盛行起来。当年，同泰祥酒楼的头道招牌菜为烧锅大鱼头，第二道菜便是竹笋鳝糊。上海滩的许多工商界巨头以及沪上众多文化名人，纷纷在同泰祥酒楼宴请客人，滑稽戏演员姚慕双、周柏春更是该店的常客。

成菜色泽酱红，卤汁浓厚，鳝丝皮完整、不碎，肉质细腻滑嫩，略带焦香味，有增加食欲、滋补养身之功效。

食材

鳝丝 400 克, 嫩竹笋丝 100 克, 绍酒 50 克, 酱油 50 克, 白糖 10 克, 味精 2 克, 熟猪油 100 克, 香油 25 克, 葱花、姜末、胡椒粉各少许, 湿淀粉 75 克, 鲜汤适量。

烹制工序

1. 黄鳝烫杀后用竹刀划丝、洗净、沥干水分, 切成长约 3 厘米的小条, 用少许明油搅拌。取竹笋嫩头切丝。

2. 旺火烧热炒锅, 倒入油滑锅后, 加适量猪油, 倒入鳝丝煸炒, 并不停晃动炒锅, 使鳝丝均匀受热而蜷缩。加绍酒, 姜末。

3. 补入少许素油, 放入竹笋丝略炒, 加酱油, 白糖, 味精, 鲜汤, 焖烧七八分钟, 至卤汁收紧。

4. 用湿淀粉勾芡, 用勺子把浓稠的鳝丝平摊在锅底上, 直至底层炙烤出焦香味。

5. 起锅后用勺子在竹笋鳝糊中间摁一个窝, 撒入葱花、胡椒; 炒锅加适量麻油烧沸, 浇在葱花、胡椒上, 即可上桌。

　　要挑选肥壮的黄鳝和优质竹笋。炒鳝糊讲究"荤油炒、素油烧、麻油浇"的工艺, 油不能太热, 否则鳝丝入锅就会粘底。此外, 这道菜食客要趁热吃, 否则香味尽失而腥味浓重。

【鳝丝羹】

鳝鱼煮半熟，划丝去骨，加酒、秋油煨之，微用纤粉，用真金菜、冬瓜、长葱为羹。

【炒鳝】

拆鳝丝炒之，略焦，如炒肉鸡之法，不可用水。

【段鳝】

切鳝以寸为段，照煨鳗法煨之，或先用油炙，使坚，再以冬瓜、鲜笋、香蕈作配，微用酱水，重用姜汁。

【脍鳝鱼】

取活鱼入钵，罩以蓝布袱，滚水汤后洗净白漠，竹刀勒开去血，每条切二寸长，晾筛内，其汤澄去渣，肉用香油炒脆，再入脂油复炒，加酱油、酒、豆粉或燕菜，软鳝鱼取香油煮或油炒，用豆粉下锅即起，下烫鳝汤澄清，加作料、脂油滚、味颇鲜。

【油炸鳝鱼丝】

切寸五分段，配笋片、火腿烧。珍珠果炒鳝鱼丝。

葱花

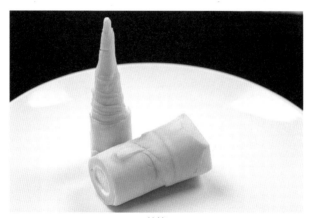

竹笋

鳝丝

竹笋鳝糊

清風涇

竹枝詞

鳝黄鳗白蛤蜊鲜，

生计惟知问网船。

鸡汤汆四鳃鲈鱼

用四鳃鲈鱼加鸡汤熬制而成。

四鳃鲈鱼，又称松江鲈鱼、鲈鱼、鲈。自古以来，人们认为松江鲈鱼有一个特点：长有四个鳃，与其他鱼不同。《续韵府》载："天下之鲈皆二鳃，唯松江鲈四鳃。"孔平仲《孔氏谈苑·松江鲈鱼》载："松江鲈鱼，长桥南所出者四鳃，天生脍材也，味美肉紧，切下终日色不变。"吴履震《五茸志逸》的记载与《孔氏谈苑》所言相似。所谓脍，指切得很薄的生鱼片，在当时是中国人餐桌上的佳肴。

四鳃鲈鱼的来源在松江民间流传着一则传说。吕洞宾有一次下凡到松江秀野桥旁的饭馆喝酒，点了一盘塘鳢鱼，食用时，总觉得盘中鱼腥味重而肉质粗，于是问店主，这是什么鱼，并且提出要亲眼看看活鱼。店主依言从后厨池子里捞出六条鱼放在盘子里端到吕洞宾面前。吕洞宾一看，觉得此鱼生相丑陋，便一时兴起，要来了一支毛笔和一碟朱砂，饱蘸笔端，往鱼的两颊上描了条纹，又在两鳃的鳃孔前各画了两个红色鳃状，然后，他将鱼在秀野桥下放了生，这六条被放生的塘鳢鱼就变成了四鳃鲈鱼。

其实，四鳃鲈鱼也只有两个鳃，只是由于在鳃孔前生有一对呈鳃状的凹陷，与鳃孔相似，特别是在繁殖季节呈橙红色，乍一看，犹如鱼头上有四个鳃孔，故名。四鳃鲈鱼个体较小，一般体长 12~17 厘米、体重不超过 150 克。头大而扁平，眼小生于侧上位，口宽呈扇形。背部呈黄褐色，腹部灰白，体侧有黑色斑纹，无鱼鳞。长期以来传说四鳃鲈鱼独产于松江秀野桥下，其实它还产于上海的青浦、崇明、吴淞、川沙、闵行、金山、南汇、奉贤等地河流中。此外，中国北自渤海近岸、南至厦门地区通海的河川中，以及国外的日本南部、朝鲜西部和菲律宾等地的河流中也有分布。各地称呼不同：山东称媳妇鱼，青浦、宝山的横沙岛称之为花鼓鱼、花娘子等。冬末春初，大鱼游至海口产卵，幼鱼孵出，在春夏之交纷纷上溯到黄浦江各支流，秋天长成。金秋季节，一群群四鳃鲈鱼游至松江秀野桥下，这时是捕捞的黄金季节，也是品尝四鳃鲈鱼的最佳时节。《太平广记》载："吴郡献松江四鳃鲈干鲙六瓶，瓶容一斗；作鲈鱼鲙，须八九月霜降之时，收鲈鱼三尺以下者作干鲙。霜后鲈鱼，肉白如雪，不腥。"《松江府志》载，"它原先生长在县城西的长桥一带。由于河道年久失修，逐渐淤塞，鲈鱼便游往西首秀野桥下。后秀野桥拆除，鲈鱼逐渐减少，如今已迁移到西北泖河一带。"

历史上，松江鲈鱼很早就博得了东南佳味、江南名菜的美誉，被称为第一名鱼，又与黄河鲤鱼、松花江鲑鱼、兴凯湖鲌鱼一起被誉为我国四大名鱼。四鳃鲈鱼自魏晋以来，即为名产，文献中多有记录。《后汉书·左慈传》载："（左慈）尝在司空曹操坐，操从容顾众宾曰：'今日高会，珍羞略备，所少吴松江鲈鱼耳。'放于下坐应曰：'此可得也。'因求铜盘贮水，以竹竿饵钓于盘中，须臾引一鲈鱼出。操大拊掌笑，会者皆惊。操曰：'一鱼不周坐席，可更得乎？'放乃更饵钩沈之，须臾复引出，皆长三尺余，生鲜可爱。操使目前鲙之，周浃会者。"《世说新语·识鉴》载："张季鹰辟齐王东曹掾，在洛，见秋风起，因思吴中莼菜羹、鲈鱼脍，曰：'人生贵得适意尔，何能羁宦数千里以要名爵！'"并写下《思吴江歌》一诗："秋风起兮佳景时，吴江水兮鲈鱼肥。三千里兮家未归，恨难得兮仰天悲。"遂命驾便归。因为思念家乡的莼菜羹、鲈鱼脍，竟然不惜弃官而去，成为官场的一段佳话。此后，莼鲈之思就成为思乡或当官者告老还乡的常用语。四鳃鲈鱼从隋朝开始成为松江府的贡品之一。《南郡记》载，隋炀帝品尝四鳃鲈鱼后赞道："金龙玉脍，东南佳味也。"黄霆《松江竹枝词》："玉脍金齑嫌太贵，郎携白蚬荐春盘"作者自注："隋帝曰：'金齑玉脍，东南佳味。'"至于文人诗词之中，有关食用松江鲈鱼的记录就更多了。白居易诗"水鲙松江鳞"；罗隐诗"鲙忆松江满箸红"；杨万里《松江鲈鱼》："买来玉尺如何短，铸出银梭直是圆。白质黑章三四点，细鳞巨口一双鲜。"至于上海历代竹枝词中，记录就更多了。陈祁《清风泾竹枝词》："风俗声音辨渺茫，犬牙相错两分疆。鱼盐莫怪争南北，越水吴山古战场。"作者自注："里本吴越旧地，今分南界为浙江嘉善，北界为江苏娄县。风俗、声音，南北微有不同，浙盐例禁不过北界，四鳃鲈鱼相传不如南界。"丁宜福《申江棹歌》："亏得莼鲈滋味好，劝人夫婿早还乡。"作者自注："晋张翰宦洛，见秋风起，思吴下莼羹鲈脍，遂弃官归。莼菜，吴中处处有之；四鳃鲈惟松产，故时谚曰'四鳃鲈，除却松产天下无。'"四鳃鲈鱼一经诗人、词人写入诗词内，自是名声大噪，身价倍增。四鳃鲈鱼还有补气益肝的养生功效。明代大医学家李时珍在《本草纲目》中称："松江四鳃鲈，补五脏，益筋骨，和肠胃，益肝肾，治水气，安胎补中，多食宜人。"

　　食用四鳃鲈鱼还留下了几则佳话。传说松江秀野桥附近开设了几家专门烹制四鳃鲈鱼的饭馆，从他处前来游览的客人都要到店里去品尝一番美味。传说康熙皇帝在南巡途中，先后两次到松江品尝了四鳃鲈美味，赞不绝口。之后，乾隆皇帝下江南微服出访路过秀野桥时，听说四鳃鲈鱼是当地的特产，便跑进秀野桥附近的一个鱼行里要买鱼。老板回答说鱼已经卖完光。"那个鱼篓里不是还有好几条吗？"乾隆的护卫甘凤池指着问。"那是松江府台老爷订下给少爷吃的。"老板回答。乾隆一听很生气，自己贵为一国之君想吃四鳃鲈鱼却吃不着，对小小府台的儿子竟照料得如此周全，不是欺人太甚吗？便上前和老板争吵起来。这时府台少爷正在店里喝酒，听见有人争吵便冲了出来，不问情由，动手就打。甘凤池迎上去几个回合就将他打死了。乾隆犯了人命案，府台派兵将他和甘凤池抓了起来，准备审过之后处死。甘凤池是个武功极好的护卫，能飞檐走壁，乾隆派他只身逃出牢房去找嘉兴府台。嘉兴府台得到消息，连夜赶到松江，松江府台这才知道自己闯下了大祸。乾隆出了牢狱后，革了松江府台的职，当然府台的少爷也白白送了一条命。乾隆去店里品尝了四鳃鲈鱼，将其誉为"江南第一名菜"，还提出要带回去给皇后尝尝。可是怎样将那鱼活着带回京城呢？皇帝令人在木盒里装进砻糠，再将鱼放在砻糠中，这一着果然灵验，鱼送进京城还是活的。从此，秀野桥下的四鳃鲈鱼也变了，捕捉起来后放在水里养不活，放在砻糠里反而能存活好长时间。皇帝吃过的鱼当然好吃，从此，四鳃鲈鱼就更有名了，松江府年年向朝廷进贡。1972年2月，美国总统尼克松访华来沪期间，周总理宴请尼克松的菜单中就有四鳃鲈鱼。尼克松访华回国后，曾发表文章大赞中国鲈鱼之美味。1979年11月，美国前国务卿基辛格访华，荣毅仁设家宴欢迎基辛格，主菜是一口大砂锅，锅内仅有四条松江鲈鱼，全部夹给了四位洋人。1986年，英国女王伊丽莎白访问上海，市政府专门派人到松江水产部门要四鳃鲈鱼，准备招待英国贵宾。渔民四处捕捞多日，竟然未能觅到一条四鳃鲈鱼。

　　四鳃鲈鱼有多种烹制法。范成大《秋日田园杂兴》："细捣枨齑卖脍鱼，西风吹上四鳃鲈。雪松酥腻千丝缕，除却松江到处无。""雪松酥腻千丝缕"一句写出了成菜的特色：鱼肉洁白而切得极细；"除却松江到处无"则点明是松江的特产。《松江府志》曰："作鲈鱼脍，须八九月霜降之时，将鲈鱼浸渍讫，布裹沥水淋尽，散置盘内，取香橙花叶相间细切，和脍拨令调匀。"清代诗人高子骞也用文字描述了四鳃鱼的食用法："深挽配香菰，不仅味佳，且色美。"不过，生食鲈鱼脍的习惯渐渐改变了，近代用四鳃鲈鱼烹饪成的常见菜肴有：汆四鳃鲈鱼、莼菜鲈鱼汤、红烧四鳃鲈、四鳃鲈八生火锅等，其中鸡汤汆鲈鱼的烹制方法颇有特点，味道鲜美，尤受食客欢迎。

四鳃鲈鱼有诸多特点：鱼体内所含蛋白质比黄鳝、牛肉更为丰富，氨基酸、维生素比其他肉食品要高得多；冬天将四鳃鲈鱼做成的汤不会凝冻，这是因为该鱼含有丰富的微量元素。

品尝四鳃鲈鱼还讲究一套仪式，需要使用八件食具，分别为炖盅、汤壶、饭碗、茶杯、调羹、尖头细筷、筷枕及托盘。鸡汤汆鲈鱼送上桌，盅盖一揭开，香味就扑鼻而来，似是梅花散发出的淡雅清香。品尝时，可以先取少量鱼肉放于舌尖上，鲜味便会刺激味蕾，使人食欲大开。品鱼之后，再喝几口鱼汤，或者干脆将鱼汤倒入米饭拌着吃，味道极佳。

然而，由于市场需求量大、捕捞过度、河流变道、水闸阻断等原因，加之农药、化肥的大量使用，致使本来稀少的四鳃鲈鱼在 20 世纪 70 年代后几乎绝迹。值得庆幸的是，2009 年，位于松江的四鳃鲈园正式宣布养殖试验成功，使得食客品尝四鳃鲈鱼成为可能。2010 年 5 月 3 日，上海世博会隆重召开，秀野桥松江四鳃鲈鱼被列入国宴菜谱。路透社、CCTV2、CCTV7 等媒体都予以了专题报道，"野生品质、国宴名鱼"之美誉得到了广泛的认可。

需要指出的是，由于塘醴鱼体形同四鳃鲈鱼相仿，不明真相的人往往将两者混为一谈，亦有饭店将塘醴鱼冒充四鳃鲈鱼做成名菜的。塘醴鱼亦名土咬鱼，俗称菜花鱼，体呈亚圆筒形，后部侧扁，最大个体可长达 15 厘米以上，青黑色，身上有不规则斑点，头宽扁、口大，以油菜花开的 3~4 月为盛期，塘鳢鱼肉嫩刺少，味道鲜美，红烧、清炖、烩汤均宜。袁枚《随园食单》亦有记载："土步鱼，杭州以土步鱼为上品。而金陵人贱之，目为虎头蛇，可发一笑。肉最松嫩。煎之、煮之、蒸之仅可。加脑齐作场、作羹，尤鲜。"

　　成菜色香味形俱全，金黄色的鸡汤中浮现着白如雪脂的四腮鲈鱼，肉质细嫩，汤清见底，味极鲜美。

食材

四腮鲈鱼 500 克，冬笋片 35 克，熟火腿片 15 克，味精 2 克、葱结 2 个，绍酒 15 克，生姜 3 片，精盐 2.5 克，纯鸡汤 1000 克，猪油少许。亦可加水发香菇、虾仁、雪菜梗末等作配料。

烹制工序

1. 宰杀鲈鱼去鳃。处理内脏方法独特：用刀剖开鱼腹有损鱼特有的鲜味，所以应用竹筷从鱼口插入鱼腹卷出内脏，洗净鱼体，再将摘除苦胆、黑膜的鱼肝放回鱼腹中。
2. 炒锅中加鸡汤，下葱结、姜片、笋片或茭白片、虾仁、雪菜梗末。
3. 大火烧沸后，下鲈鱼、绍酒、盐，焖烧片刻，待汤再沸时，下熟火腿片、味精，淋上猪油少许，出锅倒入汤碗即成。

孔氏
谈苑

【松江鲈鱼】

松江鲈鱼，
长桥南所出者四鳃，
天生脍材也，味美肉紧，
切下终日色不变。

续韵府

天下之鲈皆二鳃，唯松江鲈四鳃。

世说
新语

【识鉴】

张季鹰辟齐王东曹掾，
在洛，见秋风起，
因思吴中莼菜羹、鲈鱼脍，
曰：「人生贵得适意尔，
何能羁宦数千里以要名爵！」

太平
广记

吴郡献松江四鳃鲈干鲙六瓶，
瓶容一斗；作鲈鱼鲙，
须八九月霜降之时，
收鲈鱼三尺以下者作干鲙，
霜后鲈鱼，肉白如雪，不腥。

本草纲目

松江四鳃鲈，补五脏，益筋骨，和肠胃，益肝肾，治水气，安胎补中，多食宜人。

松江府志

作鲈鱼脍，须八九月霜降之时，将鲈鱼浸渍讫，布裹沥水淋尽，散置盘内，取香橙花叶相间细切，和脍拨令调匀。

南郡记

（四鳃鲈鱼）金龙玉脍，东南佳味也。

清风泾 竹枝词

风俗声音辨渺茫，犬牙相错两分疆。鱼盐莫怪争南北，越水吴山古战场。

秋日田园杂兴

细捣枨齑卖脍鱼，西风吹上四鳃鲈。雪松酥腻千丝缕，除却松江到处无。

申江棹歌

亏得莼鲈滋味好，劝人夫婿早还乡。

松江鲈鱼

买来玉尺如何短，
铸出银梭直是圆。
白质黑章三四点，
细鳞巨口一双鲜。

鸡汤氽四鳃鲈鱼

异味熏鱼

用青鱼油炸后浸特制卤汁入味而成。

熏鱼在上海亦称爆鱼，本为苏式菜肴。由真老大房制作的爆鱼被称之为异味熏鱼、异味爆鱼，不仅仅表明烹制者为上海人，而不是苏州人，更重要的是这种源自于苏式爆鱼的烹饪法经过真老大房吸取各帮烹饪之特点，采用优质食材、调配出特制的卤汁，无论是口感还是味型上都远远超过了苏式爆鱼，具有外脆里嫩、甜中带咸的特点。

老大房的创始人为嘉定人陈奎甫。光绪二十五年，他在黄浦江边的董家渡码头附近租了房子，正式开起了茶食店，挂起了上海第一块老大房的招牌，并从苏州高薪聘来茶点大师，培养徒弟，制作出了鲜肉月饼、酥糖、肉饺、手工苏打饼干等传统茶食，以及苏式熏鱼、熏蛋等。陈奎甫虽传承苏帮，但并不拘泥陈规，他意识到糕点行业帮派林立，各有所长，自己应该吸收各帮长处，便从安徽广德、泗安等地批来黑麻酥糖作为制作各类茶食的辅料，并聘请来汪奎府、严守贵等著名厨师，生产酥糖糕点等食品。因产品质量上乘，生意兴隆，盈利丰厚。此后，陈奎甫将经理位子让给了同父异母兄弟陈翰卿，又把店铺搬到南京东路 542 号，取名协记老大房，寓意同心协力，联合经商。

商家素有跟风傍名牌的习惯。老大房出名之后，上海滩冒牌老大房也纷纷出现，一时竟有 40 余家。陈翰卿颇谙经营之道，为了维护名店声誉，向政府部门注册登记，最后以真老大房以示区别。他又在风味小吃上下了一番功夫，在传统熏鱼的基础上，经过反复试制，研发出了特制熏鱼卤汁：按比例将多种香料装袋后入汤锅用小火熬至稀稠适度，再将刚炸好的热鱼块浸入卤汁着味，推出了新品熏鱼。其特点为色泽栗色偏红，微带五香味，迥然有异于昔日的苏式熏鱼，吸引了众多食客。

真老大房附近有1941年开张的被誉为上海茶楼业大王之一的全羽春茶楼和五裕和酒店，由于地处闹市、经营富有特色，店里总是茶客和食客盈门。这些客人坐在店里品茶、喝酒，总能闻到从窗外飘来诱人的鱼香味，感到十分好奇，于是寻味跟踪而去，来到了真老大房，方才知道那原来是熏鱼的味道。食客们食欲大开，坐下就点了熏鱼，品尝之后，连称从未吃到过，真是异味，询问老板菜名是什么。陈翰卿反映极快，顺口回答：这是异味熏鱼。于是，全羽春茶楼和五裕和酒店的客人回去后纷纷向亲朋好友介绍、推荐，无形之中为异味熏鱼做了广告，真老大房的异味熏鱼便不胫而走，销量大增，传遍了上海，名噪一时，每天在热闹的南京路上排队等着买熏鱼的食客也成为真老大房店前之一景。由此可想见当日异味熏鱼的人气旺盛之一斑。

异味熏鱼最大的特点在于使用的卤汁别具风格。遗憾的是，这种独特风味的卤汁制法已经失传，有关异味熏鱼也留下了三个疑点。

首先，真老大房当年所烹制的究竟是熏鱼，还是爆鱼。中国财政经济出版社1992年出版的《中国名菜谱（上海卷）》中，关于熏鱼有这么一段话："爆鱼，也可称熏鱼，但制作过程比熏鱼少二道工序，即鱼块经过油炸酥后，不用卤汁浸、不入熏笼子烟熏，而是……"有专家认为，上海熏鱼最早很可能是需要经过烟熏的，这可以从老大房至今仍在生产的熏蛋中看出一些端倪：熏蛋采用了烟熏的工艺。但是，上海人通常称爆鱼为熏鱼，并不将两者加以区分。而且，上海人至今做爆鱼，从不烟熏。再者，凭流传至今的文献来看，当时的异味熏鱼应当没有烟熏这一环节。

其次，异味熏鱼是先腌渍再油炸，还是先油炸再浸卤。市面上做熏鱼有两种方法。一是先用各种调料熬成的卤汁腌渍鱼块，再入油锅油炸，然后放入热卤吸味（也有不放进卤汁而直接装盘的）；二是鱼块先用盐码一下味，油炸后浸入卤汁中吸味。虽然第一种烹饪法能让鱼块更入味，但是炸鱼的油容易发焦、变黑，若干锅之后，炸的鱼颜色发黑，有一股焦味，难以保证先后炸的鱼块颜色一致，总是换油浪费太大。作为大量烹制熏鱼的真老大房来说，采用的应当是第二种工艺，能够保证较长时间炸鱼的油比较干净，既节省成本，操作起来也方便。

其三，异味熏鱼卤汁的配方。由于这属于商业机密，也是厨师保住饭碗的关键，所以从不轻易示人，如今这张配方已经失传。据周彤《本帮味道的秘密》记载：2002年，上海开了家名叫海上阿叔的餐饮店，老板李忠衡自称为"海上阿叔"，说是李鸿章的后裔，自小出生在富贵环境的他对于上海风味当然独有心得，而这家餐馆的熏鱼据说是他的母亲当年用一两黄金请来老大房的专门烹制熏鱼的名厨到府邸传授的独门秘招。这个"一两黄金买配方"的故事显然带动了这家餐饮店的生意，当年的"海上阿叔"也成为上海餐饮界的一个奇迹。但遗憾的是，李忠衡已于2004年去世，让后人很难考证这个故事的真实性。也许是确有其事；但也很有可能是李忠衡自己研制出了一个熏鱼卤汁配方，然后编出一个富有传奇色彩的故事招徕顾客。但有一个事实是不容疏忽的：上海人确实喜欢吃熏鱼，熏鱼为海上阿叔这家店吸引了大量食客的同时，也带来了丰厚的利润。

据东方卫视著名美食评论家周彤介绍，他曾有幸品尝过本帮菜大师田家明做的熏鱼，这是到目前为止，唯一一位让他感到心服口服的一种技法，其味细腻饱满、回味悠长，具有典型的老上海风格。更值得幸运的是田师傅还告知了卤汁的配方：有绍酒、老抽、冰糖、麦芽糖、椴花蜂蜜、精盐、味精、八角、桂皮、小茴香、橘皮、葱姜汁、水等十三味调味品。至于各味调味料的具体比例，这是烹饪业众所周知的行规：绝密。

成菜色泽乌亮，淳厚入味，尤以鲜甜肥嫩见长。

烹 制 法

食材

青鱼肉段500克,豆油600克; 卤汁通常用酱油65克,黄酒15克,白糖40克, 适量味精、精盐、五香粉、葱汁、姜汁等调味品熬制而成。

烹制工序

1. 先将活鱼刮鳞、剖肚、掏出内脏、去尽黑膜、斩下头尾、取其中段清洗后用毛巾拭干, 沿鱼背对半切成不带骨雌片和带骨的雄片。

2. 再用斜刀将鱼肉切成每块1厘米长, 要求做到厚薄均匀, 块行整齐。

3. 然后将鱼肉置于以葱姜汁、绍兴酒、白糖、盐等多种调味品调制而成的卤汁内浸渍约20分钟, 取出沥干, 放入油锅内炸至金黄色, 从油中捞出放入热卤汁中浸泡片刻捞起装盘。

　　以活鲜乌青为原料, 以条重2~2.5公斤者为佳, 小者鱼肉不肥, 没有咬劲, 大者肉质粗老。油炸时要求掌握适度火候, 使鱼块内熟而不老, 嫩而不生。若锅内油变焦、发黑, 要及时更换, 以免影响熏鱼的色和味。卤汁通常用绍酒、老抽、冰糖、麦芽糖、椴花蜂蜜、精盐、味精、八角、桂皮、小茴香、橘皮、葱姜汁等调味品加适量水熬制而成, 各味用量需自己在实践中摸索、调整。

青鱼　　　　　　　　　　　　　青鱼肉段

异味熏鱼

油爆河虾

用淡水产河虾爆炒而成。

河虾广泛分布于我国江河、湖泊、水库和池塘中，是优质的淡水虾类。肉质细嫩，味道鲜美，营养丰富，高蛋白低脂肪，颇得消费者青睐，也是上海的传统水产品之一。上海典籍中早有记录。王鸣盛《练川杂咏》："几只小船杨柳岸，腥风一剪漉鱼虾。"钱大昕《练川杂咏和韵》："一扇柴扉容叱犊，半帆渔艇惯捞虾。"陈祁《清风泾竹枝词》："鱼虾樱笋足庖厨。"河虾虽然一年四季都能捕捞到，但是四五月间却是时令佳肴。陆遵书《练川杂咏》："四月江村樱笋熟，添腥门外网时虾。"其时雌虾抱籽，鲜香而肥美；虾脑丰满，色如石榴子，味如蟹黄，为时令佳品。秦锡田《周浦塘棹歌》："渔舟傍岸不冲涛，要把时虾水里捞。捞得时虾堪下酒，虾珠一点绽樱桃。"作者自注："夏至前后，虾皆抱子，名'时虾'。煮熟后，脑后红点如豆，名'虾珠'。"秦荣光《上海县竹枝词》："红了樱桃黄到梅，河虾大汛趁潮来。子爬满腹鲜充馔，一粒珠红脑熟才。"作者自注："虾在樱桃时出者，名樱珠虾。煮熟后，脑有一粒，红透亮外，如赤豆大，俗呼'虾珠'。夏至前后，腹各抱子，爬取入馔，鲜逾常品，俗呼'虾子'。故虽四时常有，尤以时虾为贵。"

用河虾，尤其是籽虾能做成多种菜肴：酱油河虾、椒盐河虾、盐水河虾、韭菜炒河虾、青椒炒河虾、醉虾、虾仁豆腐煲等。袁枚《随园食单》载："炒虾照炒鱼法，可用韭配。或加冬购芥菜，则不可用韭矣。有捶扁其尾单炒者，亦觉新异。"

这些河虾的烹饪法较为传统和简单，普通家庭也做得出，各家餐馆的菜谱上也都有其名，如何烹制出更有特色的河虾作为招牌菜，以吸引更多食客呢？这是各家厨师都在思考的问题。当年，望着不远处食客进出不断的同治老正兴馆，刚刚开业不久的源记老正兴馆老板范炳顺和曹金泉也在思考着。其实上海的饭店、酒楼所做的油爆虾的雏形是太湖船菜。将河虾油爆之后，浸在酱油汤中，虾是鲜活的，酱油亦咸中透鲜，味道不错，做起来也方便。美中不足的是：食用时由于虾头和壳不能吃，所以一边吃一边要吐壳，吃起来麻烦而可食之物较少，味道也不够浓郁。

曹金泉曾在无锡菜馆里做过大厨，熟知油爆虾的特点与不足，他动脑筋要把这道菜做出特色来。经过反复试烧，他从实践中总结出了经验：热油爆虾，熬卤汁收芡。

要想把油爆河虾做得连头和壳都能吃，就不能用油炸，而必须用油爆，在八九成热的油锅中，虾壳很快被炸脆，虾肉亦因失去水分而萎缩，虾壳和虾肉之间形成了一道缝隙。虾要爆到"头壳爆开、尾脚须张"才行。

油爆河虾卤汁的配料为葱结、姜片、酱油、白糖，加适量的水，大火烧开后，转小火慢慢熬至汤汁浓稠，下少量麻油，用手勺不停地在锅里搅动，然后倒出炒锅。将爆好的油爆虾下锅，再倒入滚热的卤汁，卤汁很快渗入虾壳与虾肉之间，用大火收紧卤汁成凝胶状，就可以起锅装盘。油爆河虾要趁热吃，否则虾头和虾壳就会柔软下来，不能食用，脆度和味道就会大打折扣。

油爆河虾成了源记老正兴馆的招牌菜，一时吸引了众多食客。尤其是用籽虾烹调的油爆河虾更是上海名菜中的代表菜品之一。若过了四五月，虽也有河虾应市，但烹制出的油爆河虾，色、味远不及籽虾。

成菜虾红润发亮，头壳爆开，尾脚须张，入口虾头和虾壳松脆，虾肉嫩而有弹性，卤汁浓香，有浓郁的回甘味。

食材

鲜活河虾 300 克，花生油 500 克，绍酒 10 克，生抽 15 克，白糖 3 克，盐 2 克，葱花 10 克，姜末 5 克，麻油少许。

烹制工序

1. 选鲜活河虾剪去须脚洗净，沥干水分。

2. 炒锅油倒油，烧至八九成热，投入河虾爆炒至"头壳爆开、尾脚须张"，倒出沥油。

3. 葱结、姜片、酱油、白糖、适量的水放在锅里大火烧开，小火熬浓。

4. 已爆好的河虾入炒锅，倒入熬浓的卤汁，大火收紧，至汤汁呈凝胶状即可装盘上桌，要趁热吃。

　　挂口感是这道菜的汤汁合格的标志，而做到油爆河虾外脆里嫩是真正体现厨师功夫的硬性指标。

炒虾照炒鱼法，可用韭配。
或加冬购炒芥菜，则不可用韭矣。
有捶扁其尾单炒者，亦觉新异。

鲜活河虾，葱姜

油爆河虾

練川雜詠

几只小船杨柳岸，腥风一剪滤鱼虾。

周浦塘棹歌

渔舟傍岸不冲涛，要把时虾水里捞。
捞得时虾堪下酒，虾珠一点绽樱桃。

上海縣竹枝詞

红了樱桃黄到梅，河虾大汛趁潮来。
子爬满腹鲜充馔，一粒珠红脑熟才。

秃蟹黄油

用大闸蟹的蟹黄和蟹油炒制而成。

秃蟹黄油也称炒蟹黄油，民国年间由上海的源记老正兴馆首创，是一道极为精致的本帮菜，从菜名上就能透露出别出心裁的信息。所谓秃，就是光、只（用）的意思，蟹指螃蟹，黄指雌蟹的蟹黄，油指雄蟹的蟹膏，两者都是大闸蟹身上的精华；烹饪工艺精致讲究，口感鲜美细腻，可称之为是菜肴中的艺术品，当然一客秃蟹黄油的价格也自然不菲。

食蟹在我国历史悠久，最自然和原汁原味的吃法是清蒸大闸蟹，或水煮大闸蟹。"把酒持螯，自剥自食"，朴实无华而自得其乐。陆游诗云："传方那鲜烹羊脚，破戒尤惭擘蟹脐。蟹肥暂擘馋涎堕，酒绿初倾老眼明。"赞美了蟹味的鲜美，又用诗的特殊语言说明了当时的吃蟹法。清代戏剧家李渔是一位吃蟹专家，家人曾称他"以蟹为命"。他在《闲情偶寄》中记载："蟹之为物至美，而其味坏在食之人。以之为羹者，鲜则鲜矣，而蟹之美质何在？以之为脍者，腻则腻矣，而蟹之真为不存。更可厌者，断为两截，和以油盐、豆粉而煎之，使蟹之色，蟹之香与蟹之真味全失……蟹之鲜而肥，甘而腻，白似玉而黄似金，已造色、香、味三者之至极，更无一物可以上之。……凡食蟹者，只合全其故体，蒸而熟之，贮以冰盘，列之几上，听客自取自食。"李渔认为将蟹蒸熟后食用，才能品尝到蟹的真味。袁枚《随园食单》也曰："蟹宜独食，不宜搭配他物。最好以淡盐汤煮熟，自剥自食为妙。蒸者味虽全，而失之太淡。"袁枚认为将蟹放在淡盐水中煮熟了吃，才更有味，说法与李渔略有不同。

但是，中国人在饮食方面实在太富有想象力和创造力了，这也同样体现在食蟹之法中。元佚名《东南纪闻》卷一载："蔡京为相日，置讲议司，官吏人数俸给优异。一日，集僚属会议，因留饭，命作蟹黄馒头，略计其费，馒头一味为钱一千三百余缗。"蟹黄云云，就是指雌蟹的蟹黄，用其和面制成馒头，价钱自然极其昂贵。之后，食蟹之新法不断创出。从元代起就出现了用蟹肉制成的菜肴。元倪瓒《云林堂饮食制度集》记载的"蟹鳖"，就是取用熟蟹肉、粉皮和鸡蛋白蒸制而成。至清代，又推出了新的食蟹方法。袁枚《随园食单》载："蟹羹"："剥蟹为羹，即用原汤煨之，不加鸡汁，独用为妙。见俗厨从中加鸭舌，或鱼翅，或海参者，徒夺其味，而惹其腥恶，劣极矣！""炒蟹粉"："以现剥现炒之蟹为佳。过两个时辰，则肉干而味失。"比较详细地记录了烹饪蟹肉的要点。

民国的上海，已经成为中国最繁华的大都市，追求时髦、新颖成为社会流行的风习，在吃的方面也更为讲究，尤其喜欢吃当地的特产和时鲜货。文献记载，上海市郊的池塘河道里盛产大闸蟹，质量远胜于阳澄湖大闸蟹。张春华《沪城岁事衢歌》："轻匀芥酱入姜醯，兴到持螯日未西。莫道山厨秋夜冷，家家邀客话团脐。"作者自注："水乡多郭索，吴淞江及黄浦江并产之。其肥大者出横沔镇，镇今分隶南汇。产吴淞江者名'清水蟹'，尤鲜洁。"倪绳中《南汇县竹枝词》："那知两只一斤重，酌酒持螯香味流。"作者自注："蟹出横沔者，最佳。按：蟹有重十二三两者，有两只斤者，出各灶港。"王韬《瀛壖杂志》："蟹之肥大者，出横沔镇。产吴淞江者为清水蟹。"充分证明上海地区盛产大闸蟹。

每到金秋，吃蟹成为一种时尚。除了传统的蒸煮食用蟹法之外，那些银行、钱庄、工厂的大老板希望菜馆、酒店能烹饪出新的螃蟹菜肴：既能品尝蟹的美味，又不弄得手上满是腥味，也可省去剥蟹的时间。为了适应这部分食客的特殊需求，菜馆、酒店的厨师反复试制，推出了大闸蟹的另一种吃法——炒蟹粉、芙蓉蟹、蟹粉豆腐等，并充分展开想象力，进一步开发出了食用大闸蟹的极致烹饪法——秃蟹黄油：以雌蟹的蟹黄和雄蟹的蟹油为原料——蟹身上的最精华部分，精心烹制成一道菜。吃秃蟹黄油，既是吃美味，也是吃名气，因此即使价格特别昂贵，却吸引腰缠万贯的食客纷纷前来。这让首创出这道菜的源记老正兴馆在秋冬两季日日顾客盈门，老板赚得盆满钵满。这道菜虽然别有风味，但透露出的更多的是食客吃名气、摆阔气的心理，以及饭店的别出心裁。20 世纪 40 年代，这道菜已盛名上海，成为最著名的本帮菜之一。

成菜蟹黄金红，蟹油玉白；蟹黄酥腴而干香，蟹油柔糯而甘肥；入口细腻而鲜美，营养丰富。

南汇县竹枝词

传方那鲜烹羊脚，
破戒尤惭擘蟹脐。
蟹肥暂擘馋涎堕，
酒绿初倾老眼明。

轻匀芥酱入姜醯，
兴到持螯日未西。
莫道山厨秋夜冷，
家家邀客话团脐。

那知两只一斤重，
酌酒持螯香味流。

烹制法

食材

蟹黄约 130 克，蟹油约 70 克（亦可蟹黄、蟹油各占 100 克），熟猪油 75 克，绍酒 15 克，酱油 10 克，白糖 5 克，米醋 2.5 克，胡椒粉 0.5 克，葱花、姜末各 1 克，肉清汤 75 克，精盐适量，湿淀粉少许。

烹制工序

1. 螃蟹洗净蒸 8~10 分钟，拆出蟹黄、蟹油备用。
2. 炝锅滑油，放入猪油，煸香葱段，放入蟹黄、蟹油，随即轻轻晃动炒锅，让蟹黄、蟹油受热均匀，洒入黄酒，盖上锅盖略焖，去腥增香。
3. 放入适量姜末、酱油、白糖和肉清汤，盖上锅盖焖两三分钟，使蟹黄、蟹油烧透入味，再用大火淋芡收汁，加米醋，淋上少许熟猪油增亮，撒上葱花和胡椒粉即可出锅装盘。

　　一份秃蟹黄油约需要二千克大闸蟹，最好选只重为四五两者，通常母蟹占三分之二，公蟹占三分之一。若要减少成本，也可以选非常饱满、重二两多的螃蟹。做秃蟹黄油需注意三点。其一，必须选肥壮的优质螃蟹为原料，瘦弱的螃蟹是拆不出膏蟹与蟹油的；其二，肉清汤要适量，既不能多加，也不能少加，全凭厨师手上的功夫；其三，秃蟹黄油的淋芡是一个细功夫，既不能使卤汁结成粉块，又不能破坏中间摊成饼状的蟹黄蟹油。

閑情偶寄

蟹之为物至美，而其味坏在食之人。

以之为羹者，鲜则鲜矣，而蟹之美质何在？以之为脍者，腻则腻矣，而蟹之真为不存。

更可厌者，断为两截，和以油盐、豆粉而煎之，使蟹之色、蟹之香与蟹之真味全失。

蟹之鲜而肥，甘而腻，白似玉而黄似金，已造色、香、味三者之至极，更无一物可以上之。

凡食蟹者，只合全其故体，蒸而熟之，贮以冰盘，列之几上，听客自取自食。

大闸蟹

秃蟹黄油

青鱼秃肺

用纯青鱼肝炒制而成。

青鱼秃肺，又称炒秃肺，由老正兴菜馆厨师首创于清末民初。其实，这道菜中的肺，是指青鱼的肝。时人习惯将鱼肝称作肺，这可能与其外形看上去有点像肺叶有关吧；因为清炒，不加其他配料，所以称为秃肺。美食评论家邵建华曾解释说："秃，是光秃秃，纯粹的意思；肺，是个误会，鱼怎么有肺？当时的厨子文化水平低，把鱼肝当作鱼肺了。秃肺，就是清炒鱼肝。"值得注意的是，菜肴不用肺作食材，而以肺命名的，并非只此一例。四川名菜夫妻肺片的食材为牛心、牛肚、牛舌、牛头皮、牛蹄筋等，后来又加进了牛肉，可谓是牛杂大杂烩，并没有加入牛肺，却仍以肺命名。苏州木渎石家饭店的传统名菜鲃肺汤，主料采用斑鱼之肝，辅以火腿、香菇、笋片等，加鸡清汤烧制而成，也以肺命名。可知这是一种习惯和传统，无须一本正经地去"纠错"、"正名"。

清朝末期，上海菜馆烹制的青鱼菜肴，较多的是将肉段切成块红烧，称之为红烧青鱼，或者另加佐料烹制，如炒鱼豆腐、炒鱼粉皮、头尾汤之类，为大众菜肴。随着上海商业的发展，菜馆、酒店增多，竞争更为激烈，老板为了吸引食客、满足他们吃新鲜菜肴的需求，不断在菜单上增加新品，烹制出了红烧全鱼、红烧青鱼肚裆等特色菜肴。当时，同治老正兴菜馆烹制的各类青鱼菜最为出名。但是由于青鱼内脏腥味重、加工麻烦，为了省力，厨师宰杀鱼后随手就往垃圾桶里一扔。

经济的发展、富人的增多，促使他们向菜馆、酒楼提出新的要求：希望不断品尝到新的味道，既富有营养，又别有风味。民国初期，上海杨庆和银楼老板的儿子杨宝宝是同治老正兴菜馆的常客，他特别爱吃该店烹调的青鱼，尤其是红烧青鱼肚裆。有一次，他看到厨师加工青鱼时随手扔掉了所有内脏，不由说："贵店烹制的青鱼肉鲜味美，确实好吃。青鱼肝营养丰富，既然能制成贵重的药物补品，大补身体，你们能将它做成一道特色菜吗？扔掉了太可惜。"虽说"内行看门道，外行看热闹"，但是门外汉没有拘束，容易提出新想法。老板和厨师听了这一番别出心裁的建议，深受启发，觉得很有道理，饭店每天烹饪青鱼菜肴不计其数，大量营养丰富的青鱼肝都扔了，岂不是太可惜了。若放在鱼肉内一起烧，等于奉送。若真能将内脏中最珍贵的鱼肝加工成一道菜，不仅新增了新菜肴，而且能大大增加饭店的收入：这么名贵的菜肴，只有有钱人才舍得吃，价格自然不菲。从饭店的角度来说，能不断提供满足食客需求的新菜肴，增加饭店的收入是最大的王道。于是，厨师取大小不同的青鱼肝、采用不同的烹饪方法经过反复试烧，相互比较之后，得出了宝贵的经验：最理想的做法是，取七八斤重的青鱼肝切成若干小块用猪油略煎，加少许配料嫩笋、适量调味品，烹制成炒青鱼肝。成菜色泽金黄、鱼肝成块而不碎，油而不腻，别有一番风味。杨宝宝品尝后，十分满意，立即邀请一批商家连续前去吃了几次，富商豪客们也特别青睐这道菜。由于从鱼肠两旁取下的狭长条鱼肝，形似动物之肺，烹制时又只用鱼肝为原料，所以被称为青鱼秃肺。一道美食一经创出，自然会不胫而走，同治老正兴菜馆附近的报社编辑、记者闻名也争相前来品尝，食后再写几篇妙笔生花的文章一介绍，在30年代，青鱼秃肺就成了同治老正兴菜馆最著名的菜肴之一。原《新民晚报》社长赵超构在品尝了青鱼秃肺后也特地著文道："所谓秃肺，其实非肺，而是鱼肝，此物洗净之后，状如黄金，嫩如脑髓，卤汁浓郁芳香，入口未细品，即已化去，余味在唇在舌，在空气中，久久不散。"

看到同治老正兴菜馆烹制的青鱼秃肺吸引了大量顾客，同行的源记老正兴菜馆眼红了，也在菜单上加上了青鱼秃肺这道菜。大厨曹金泉烹制时掌握火候恰到好处，成菜后鱼肝整块不碎，形状饱满，吃口细腻而入味。许多顾客来店就餐都指名要曹师傅亲自烹制青鱼秃肺，因而此菜在社会上颇有声誉，每天销售量多达四五十客。开设在江西路三和里的中和行，是一家国际运输报关行，该行老板、广东人欧某从抗日战争前一直到上海解放初，在源记老正兴菜馆就餐了十几年，对青鱼秃肺情有独钟。他认为此菜鲜美异常，营养价值高，是食补的佳品，一个冬天吃上十几客青鱼秃肺就足以滋补身体。上海解放后，欧老板临回广东之前，还特地带领一家人前往源记老正兴菜馆就餐，点的菜中当然就有青鱼秃肺一味。

70 年代末，中日联合编写的《中国名菜集锦》中亦有专题介绍。品尝青鱼秃肺，得用调羹，就像是吃蟹粉狮子头那样，用筷是很难夹住的。

成菜色泽金黄，卤汁紧包，鱼肝块整不碎，形状饱满，入口肥而不腻，嫩如猪脑，味感咸中微甜，鲜香浓郁；营养丰富，食之具有补肝明目，强健身体之功效，是食疗之佳品。

烹制法

食材

青鱼鱼肝 300 克，笋片 35 克，猪油 15 克，湿淀粉 10 克，香油少许，葱段、姜末各 2.5 克，绍酒 15 克，酱油 20 克，白糖 10 克，米醋 5 克，味精 1 克，肉清汤 100 克，葱、姜汁适量，青蒜丝少许。

烹制工序

1. 活青鱼宰杀（绝对不能用死青鱼肝，腥味太重）剖腹，掏出内脏，剥下鱼肝，摘除鱼胆，除尽血膜、肠衣等杂物。

2. 鱼肝用清水漂洗干净，沥去水分，切成两半（大的可切三四块，但不可切得过小），加绍酒和葱姜汁浸泡半小时去腥味。

3. 炒锅烧热，下半两猪油烧至五六成热，先放入葱段煸出香味，再将鱼肝贴锅底滑下，晃动炒锅，使鱼肝平摊在锅底上均匀受热，约煎两秒钟，颠翻再煎另一面。

4. 下黄酒，加盖略焖杀去腥味，然后放入姜块、酱油、白糖、米醋及肉清汤 100 毫升。

5. 大火烧开后转小火烧约 3 分钟，揭开锅盖转中火下湿淀粉勾芡，一边晃锅直至卤汁紧包鱼肝，淋上香油，出锅装盘，撒上青蒜丝即成。

　　烹制这道菜的鱼肝每块不能小于一两，所以青鱼重量要达 5 斤以上。一盆足量的青鱼秃肺大致要用 3 条七八斤重的青鱼肝。需要注意的是，勾芡时，只能晃动炒锅，保证鱼肝的完整，不能用铁铲下锅翻动，以免弄碎鱼肝，影响外形。若用草鱼肝作食材烹制，则味道大逊，不再是菜肴中的上品。

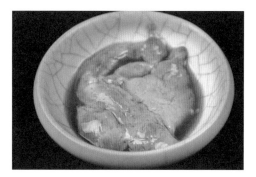

青鱼肝

青鱼秃肺

青鱼煎糟

用糟青鱼烹制而成。

青鱼各地称呼不同，"松江人呼为乌青，金华人呼为乌鲻，杭人以其善唼螺也，因呼为螺蛳青"，是一种生活在上海、江苏、浙江等地河流中的常见鱼类，食料以螺蚬、幼蚌等底栖动物为主，也食虾、蟹、昆虫等幼体，生长在天然大湖泊中最大个体可达 70 公斤，特点是个大肉紧，味道比草、鲢、鳙鱼更鲜美，是河鲜中的上品，名列四大家鱼之首。青浦淀山湖所产青鱼尤为有名。

青鱼是上海农家常用食材，可做成各种菜肴，尤其是尾巴，民间素有"青鱼尾巴白鱼头"之谚，红烧、做汤皆宜。清朝末年的老人和馆、荣顺馆、同泰祥酒店、合兴酒菜馆等本帮菜馆，无不擅长以青鱼为食料烹制各种菜肴，诸如红烧头尾、红烧肚裆、下巴甩水、青鱼秃肺、炒秃卷等，厨艺精致，味道鲜美，深受食客喜爱。青鱼还有食疗作用。《随息居饮食谱》曰：（青鱼）"甘平。补气，养胃，除烦满，化湿，祛风，治脚气、脚弱。"

菜馆、酒楼若烹制的菜肴大同小异，就缺乏了特色，缺少了吸引顾客前来就餐的魅力。老人和馆的厨师见各家餐馆的青鱼菜谱大同小异，难以形成自家的招牌特色，就想打破常规，在青鱼糟菜上动起了脑筋。糟菜是上海人常食的菜肴，历史悠久，品种众多。清朝末年至民国二三十年年间，上海餐饮界大多用熟糟法：先将食物煮熟，再浸泡于糟卤之中，两三个小时后食用。糟菜口味清淡，且有酒香味，爽口而味鲜美，尤其适宜夏季食用，美中不足的是酒香味不足。相比较而言，生糟菜的酒香味就要浓郁得多。袁枚《随园食单》中记录了几道生糟菜的烹制方法："白鱼肉最细。用糟鲥鱼同蒸之，最佳。或冬日微腌，加酒酿糟二日，亦佳。余在江中得网起活者，用酒蒸食，美不可言。糟之最佳，不可太久，久则肉木矣。糟鲞：冬日用大鲤鱼腌而干之，入酒糟，置坛中，封口。夏日食之。不可烧酒作泡。用烧酒者，不无辣味。"此外，还有以风瘪菜为原料的糟菜，为纯素食物。《调鼎集》"糟生青鱼"："切大块，去血不去鳞，勿见水，用稀麻布包好，两面护以陈糟，春二三月蒸用，不能久贮。"

　　受此启发，老人和馆的厨师经过多次尝试，改变了当时饭店流行的熟糟青鱼的烹饪法，取而代之的是先糟后烧的生糟法。将活青鱼宰杀、洗净、沥干水分后，先用盐和酒糟腌制，然后再烹制，不仅消除了青鱼的腥味，而且增加了浓郁的酒香，鱼块也更入味。但是，精益求精的老人和馆的厨师品尝之后仍感到不满意：酒糟味还不够浓。行话说："糟菜糟菜，关键在糟。"为了开发出老人和馆的特色青鱼糟菜，厨师们决定不用市售的酒糟，开始研制老人和馆特有的酒糟。说来也巧，20世纪30年代末，邻近老人和馆的黄金茂绍酒楼老板张光荣经营绍兴产的上好陈年绍酒。好酒必有好糟，黄金茂绍酒楼酿酒后弃置的酒糟，正好成了老人和馆特制酒糟的上好原料，味道正宗而浓郁。为了使得糟青鱼酒香更浓，厨师又在酒糟中兑入适量上好黄酒，用这种酒糟腌制的青鱼烹制成的菜肴更是风味独特，他家所无。利用这一优势，老人和馆开发出了糟卤菜系列，成为该店的招牌菜，而且在本帮菜中别具一格，青鱼煎糟则是其中最有名者，名扬上海几十年。当时，老正兴菜馆借鉴老人和馆青鱼煎糟的烹饪法，成菜色泽深红、糟香浓郁、肉白硬结、咸中带甜、异常入味，一时名扬上海，但终比不上老人和馆的青鱼煎糟。这道菜成为老人和馆的招牌菜，一直保留至今，1991年荣获国内贸易部优质产品"金鼎奖"。

近年来，不少老上海、港澳台同胞和海味归侨，寻梦来到老人和馆，品尝了糟菜和本帮菜后，频频称好。一位先生在一饱口福之余，还悠然自吟道："落叶要归根，聚在'老人和'！"

　　成菜卤汁深红、糟香浓郁、肉白肥嫩，入口味鲜而美。

老人和

糟菜糟菜，关键在糟。

食材

青鱼 500 克，笋片 25 克，干香菇 5 克，猪油 10 克，淀粉 8 克，酱油 20 克，盐 5 克，白砂糖 20 克，酒糟 50 克，葱段 5 克，姜 3 克，香油 5 克，绍酒 20 克，猪油 30 克，猪油丁 10 克。

烹制工序

1. 青鱼段去鳞、洗净，用刀从鱼背上将鱼剖成二爿，每爿内侧均匀地切 3~4 刀，刀深达鱼肉的三分之二，使糟味及调味品更容易渗透。

2. 用细盐在鱼肉段上揉擦均匀腌制；把酒糟、黄酒和清水放入碗内，充分搅成糊状，均匀涂满鱼肉段，腌糟四五个小时后，用清水洗净糟糊，沥干水分。

3. 炒锅用旺火烧热，油滑锅后倒出，再下熟猪油烧至七成热，入鱼段煎至皮面金黄、肉面淡黄，洒入黄酒，盖上锅盖略焖杀腥，再放入酱油、白糖、姜末、笋片、香菇、猪油丁和开水，加盖大火烧开，转小火闷烧 6 分钟，再用旺火烧开，即可将鱼块出锅盛入盘中。

4. 锅中的原汤加糟卤烧开后用水淀粉勾芡，放入葱段，淋上熟猪油和香油，将此汤料均匀浇在鱼块上即成。

酒糟

青鱼段

青鱼煎糟

枫泾丁蹄

用猪蹄加工烧制而成。

枫泾丁蹄简称丁蹄，全名枫泾丁义兴蹄髈，起源于金山区枫泾镇。1852年，丁氏兄弟俩在枫泾镇张家桥堍附近开办了一家名叫丁义兴的小酒馆，经营酒菜和饭食。开始一两个月顾客盈门，后来客人越来越少，以至于酒馆入不敷出，甚至到了快要关门的窘境。丁氏兄弟为此愁得吃不下饭、睡不好觉。一天，他俩请来了几位好友，边吃边谈，商量招徕顾客的办法。好友们认为，酒店开业之初之所以生意好，是因为顾客有尝新感，虽然酒馆菜品不少，但很多菜家庭主妇也做得出，缺少招牌菜和独自特色，所以回头客就渐渐少了。

听了朋友们的这番话，丁氏兄弟深受启发，动脑筋开发新的菜肴。他俩发现，当地所饲养的枫泾纯种黑毛猪为著名的太湖良种，体形小而丰满，皮薄肉嫩，肥瘦适中。丁氏兄弟取其后蹄为原料，经过蹄形整修、焯水、拔毛、加佐料等多道工序精心加工，烹制时选用嘉善姚福顺三套特晒酱油、绍兴老窖花雕、苏州桂圆斋冰糖等优质佐料，并添加适量丁香、桂皮和生姜等香料，经过"三旺三文"烧煮，精制成一道色香味俱全的红烧猪蹄：外形完整，色泽暗红光亮，皮酥肉嫩，热吃酥而不烂，冷吃喷香可口，肉质细嫩，汤质浓而不腻，十分可口，受到顾客的一致好评。丁氏兄弟将这种红烧猪蹄取名为丁蹄，又因其产于枫泾，故又称之为枫泾丁蹄。

制作枫泾丁蹄需掌握四道窍门。首先食材选料要严：必须选用枫泾黑色纯种猪后蹄为原料，并对蹄形进行细心整修；其次，讲究烹饪方法：将整修过的猪蹄放在锅里用柴火经三文三旺烧煮后，再以温火焖煮而成；其三，独特的配料：精选佐料和配料，配方独特而合理，使得丁蹄风味别具一格；其四，采用"留宿汁"的传统烹调法：即从第一锅起，就把原汤保存下来，以后不断在此汤中烧煮猪蹄，老汤继续留存，年复一年，老汤愈益醇厚，"百年陈汤煮丁蹄"，能保证猪蹄美味几十年不变。但随着食品卫生法的推广，现在已不再使用这一方法。

枫泾丁蹄由于上述诸多特点，深受食客喜爱，既可作酒宴佐餐佳肴，又可作馈赠佳品。到同治初年，其名已传遍沪杭、沪宁一带。店主儿子丁顺章为了扩大经营，又开设工场制作丁蹄罐头，远销南洋、欧美市场，受到中外人士的称赞，获20多个国家和地区的奖状和证书：1909年，清廷下谕批准开办由中国举办的第一次南洋劝业会，鼓励全国商家"精择精品，积极赴赛"，枫泾丁蹄参加了这一盛会，1910年荣获南洋劝业会褒奖银牌、浙江省巡抚加给奖凭；1915年又参加了巴拿马国际博览会获金质奖章；1926年获美国费城世博会甲等大奖；1935荣获巴拿马国际博览会金质奖；1945年获德国莱比锡博览会金质奖；1993年获中华人民共和国国内贸易部"中华老字号"称号；1997年获第25届日内瓦国际发明与新技术展览会银牌奖等。

成菜猪蹄外形完整，色泽红亮，肉质细嫩，酥而不腻，香味浓郁，鲜美可口。

食材

优质猪后腿1只（约700克），优质酱油，绍酒，冰糖，桂皮，丁香，味精，葱，姜，精盐适量。

烹制工序

1. 猪蹄温水刮洗干净，抽掉管骨，放入沸水锅中焯水，去除污血，修削外形。

2. 放入有大张鲜猪肉皮铺底的汤锅中，加清水、丁香、桂皮、绍酒、葱、姜，用大火烧沸转小火焖烧。

3. 至半熟、汤汁收紧时，加特晒酱油、冰糖，以温火焖煮至猪蹄外软肉酥、卤汁渗入猪蹄内层，出锅前用大火收浓卤汁即成。食用时，根据需要切片上桌。

　　由于丁蹄的配方保密、不公开，所以厨师只能在实践中自己不断摸索和总结经验。做丁蹄有八道工序：开蹄、整形、焯水、拔毛、调味、烧制、去骨、包装。蹄髈出锅后放入碗中冷却，只见师傅将碗反扣倒出，拿去放在碗底的铸有"丁义兴制"的锡条，这时蹄髈上留有凹凸的"丁义兴制"字样，然后用蜡纸包装，竹篮片包扎，一只枫泾丁蹄便制成了。

蹄髈

成菜

老字号

【枫泾丁蹄】

1910 年荣获南洋劝业会褒奖银牌

1915 年获巴拿马国际博览会金质奖章

1926 年获美国费城世博会甲等大奖

1935 年荣获巴拿马国际博览会金质奖

1945 年获德国莱比锡博览会金质奖

1993 年获中华人民共和国国内贸易部「中华老字号」称号

1997 年获第 25 届日内瓦国际发明与新技术展览会银牌奖

2007 年枫泾丁蹄制作技艺被上海市政府列入第一批上海市非物质文化遗产名录

枫泾丁蹄

春笋烧鲈鱼

用竹笋与鲈鱼烧制而成，为春季时令佳肴。

中国人很早就开始将笋作为食材，并用其做成各种不同的菜肴。上海郊区大量种植竹子，春笋自然成为上海人喜欢食用的美味佳肴。与四腮鲈鱼相比，鲈鱼名气虽然没有那么诱人，但是鱼个体比较大，肉质细嫩而鲜美，是古人喜欢食用的淡水鱼之一。皮日休《西塞山泊渔家》："雨来莼菜流船滑，春后鲈鱼坠钓肥。"范仲淹《江上渔者》："江上往来人，但爱鲈鱼美。"胡仔《满江红》："三尺鲈鱼真好脍，一瓢春酒宜闲饮。"陆游《稽山行》："何以共烹煮，鲈鱼三尺长。"上引诸诗充分证明了古人对鲈鱼的喜爱。

鲈鱼也是上海人喜欢食用的河鲜之一，文献中多有记录。陆遵书《练川杂咏》："秋江水满爱垂纶，白鹤鲈鱼亦细鳞。"顾荃《黄渡竹枝词》："两岸黄芦花发初，罟师摇橹截江鱼。朝来撒网当得处，牵得细鳃一尺鲈。"竹中君《泖河棹歌》："小艇飞飞往复回，橹声新带雁声来。钓竿泼刺鲈三尺，划得萍花一道开。"黄协埙《横塘棹歌》："大姑踞船炊雕菰，小姑举网扳银鲈。"可见，上海郊区盛产鲈鱼，自然成为农家餐桌上的美味佳肴。用鲈鱼可以做成各种菜肴：清蒸、豆豉、茄汁、酱烧、水溜、糖醋、蒜香、香烤、柠檬烤等。其中春笋烧鲈鱼是历史悠久的本帮菜之一。

这道菜原为上海时令农家菜。上海的河流中盛产鲈鱼，农民捕得鲈鱼后，宰杀洗净，入油锅略煎，再放上些春笋煮汤（汤少量），就成了餐桌上的一道美味。之后，春笋烧鲈鱼传入饭店、酒馆，成为时令菜肴之一。据传，一个春暖花开的季节，乾隆皇帝来到江南，品尝了当地农家厨师烹饪的春笋烧鲈鱼，觉得鱼肥笋嫩，汤浓鲜美，因而大为赞赏，于是这道菜自然成了当地的名菜。屏山主人《松江院试竹枝词》："呼朋结队吃悬东，个个新公未脱空。出水鲈鱼烧嫩笋，香醪另卖状元红。"记载了一群读书人结束考试之后，好不容易卸下了心头沉重的负担，一起来到酒店里大吃一顿，点的第一道菜就是春笋烧鲈鱼。可见，这道菜当时已成为松江地区酒馆、饭店的招牌菜，享有盛名。究其原因：首先春笋既嫩又鲜，鲈鱼在春季也最为肥嫩，两者均为时令食材，符合上海人喜欢品尝时新货的心理；其次，这道菜既能得到乾隆皇帝的赞赏，也能得到众多读书人的赞赏，在烹饪工艺上比家庭所制已大有提高，更讲究成菜的色香味形。此后，春笋烧鲈鱼虽未传入市区大饭店，但在上海郊区的饭馆中却是一道名菜，而且在家庭办酒席时也是必不可少的。

　　成菜鱼肥笋嫩，汤浓鲜美。

食材

鲈鱼1条（重约600—700克），嫩春笋100克，香菇、姜片、葱段各10克，熟猪油15克，豆油200克（约耗70克），盐5克，绍酒10克，白醋5克。

烹制工序

1. 春笋去壳洗净，切块，入沸水中稍烫，去除草酸和苦涩味，捞出洗净；香菇淡盐水中浸泡片刻，洗净切片；活鲈鱼宰杀去鳞、去鳃，破肚去内脏，剥去内侧黑膜，鱼身两面改花刀，均匀涂抹少量盐，使之入味。

2. 炒锅烧热入油，放入鲈鱼煎至两面微黄；倒出多余豆油；投葱段、姜片，煎出香味；放入香菇，煎至变软；放料酒、水，大火烧开；添加白醋，加猪油，放春笋、盐，中火烧二十分钟，略留汤汁，即可出锅上桌。

　　春笋烧鲈鱼是春季时令菜肴，其他季节因缺少食材而无法烹制，如使用罐装笋做食材，则风味远逊。

春笋

鲈鱼

三尺鲈鱼真好脍，一瓢春酒宜闲饮。

何以共烹煮，鲈鱼三尺长。

雨来莼菜流船滑，春后鲈鱼坠钓肥。

江上往来人，但爱鲈鱼美。

練川 雜詠

秋江水满爱垂纶，白鹤鲈鱼亦细鳞。

松江院試 竹枝詞

呼朋结队吃悬东，个个新公未脱空。
出水鲈鱼烧嫩笋，香醪另卖状元红。

横塘 棹歌

大姑踞船炊雕菰，小姑举网扳银鲈。

黄渡 竹枝詞

两岸黄芦花发初，罟师摇橹截江鱼。
朝来撒网当得处，牵得细鳜一尺鲈。

春笋烧鲈鱼

虾籽大乌参

用大乌参和虾籽经油炸和焖烧而成。

海参是名贵的山珍海味之一、餐桌上的上品。虾籽大乌参的原料为梅花参，产自南海东沙、西沙一代水域，它与辽宁的刺参一起被并称为北刺南梅。虾籽大乌参这道菜创始于 20 世纪 20 年代末，由德兴馆的名厨杨和生和蔡福生创制而成。

当时，德兴馆附近有一条洋行街，从黄浦江西岸的外滩一直延伸到十六铺一带，买卖兴旺，很是热闹。洋行街上有很多经营南北土特产和山珍海味的商行，其中南北货和咸鱼之类的干货销路甚好，而海参却乏人问津。

海参并不是中国人的传统食品。汪曾祺《四方食事·饮食篇》曾说："遍捡《东京梦华录》、《都城纪胜》、《西湖老人繁胜录》、《梦梁录》、《武林旧事》，都没有发现宋朝人吃海参、鱼翅、燕窝的记载。吃这种滋补性的高蛋白的海味，大概从明朝起。这大概和明朝人的纵欲有关系，记得鲁迅好像曾经说过。"其实在元代贾铭的《饮食须知》中已有"海参，味甘咸，性寒滑，患泄泻痢下者勿食"的记录。元明人大量食用高蛋白的海味，原因是多方面的，随着社会经济和烹饪业的发展，人们对于海产品有了新的认识，发现了新的食材，并在烹饪的实践中逐步掌握了加工技巧，积累了经验，使得原本不为所用的海产品成为人们食桌上的美味。成书于 1861 年的《随休居饮食谱》"海参"条曰："咸温。滋肾，补血，健阳，润燥，调经，养胎，利产。凡产虚、痢后，衰老、尪羸，宜同火腿或猪羊肉煨食之。种类颇多，以肥大肉厚而糯者，膏多力胜。"但是直至民国，喜欢吃海鲜和河鲜的上海人还没有吃海参的习惯：干海参外形欠佳，看起来像老鼠，上海人称其为"海老鼠"，外形欠佳；海参外皮坚硬，普通饭店掌厨的厨师没掌握泡发和烹调之法。可偏偏此时在洋行街上经营海味的义昌海味行和久丰海味行运来了数量不少的海参，找不到买家，长期积压在仓库里，两位老板为此整日愁眉苦脸。一天，他俩发现附近德兴馆的生意兴盛、顾客盈门，悄悄商议了一会后，就找到德兴馆老板，提出愿意无偿向饭店提供一批海参，请厨师试制菜肴，以做宣传。德兴馆老板见商行老板免费提供食材，有利可图，一口答应了下来。于是义昌海味行和久丰海味行给德兴馆送来了一批大乌参。德兴馆厨师杨和生与蔡福森看着这些从未加工、烹饪过的大乌参反复琢磨、试烧，终于摸索出了一套加工和烹饪方法。

大乌参经加工、水发后，加笋片、白糖、味精、浓鲜汤和红烧肉卤汁，放在炒锅内焖煮，烹制成了乌光发亮、质柔软糯、酥烂不碎、汁浓味鲜、油肥不腻的红烧海参。当时上海本帮菜馆均无此菜。德兴馆首创后，吸引了众多食客前来尝新。

但是，该店厨师总感到这道菜还有些美中不足：海参虽然营养丰富，但缺少鲜味，于是他们琢磨着怎样给海参增鲜。袁枚《随园食单》"海参三法"中曾经论及："海参为无味之物，沙多气腥，最难讨好，然天性浓重，断不要以清汤煨也。须捡小刺参，先泡去泥沙，用肉汤滚泡三次，然后以鸡、肉两汁红煨极烂。"德兴馆厨师受此启发，用鲜味浓郁的干虾籽作配料。虾籽指河虾籽，产于每年四五月间。陈祁《清风泾竹枝词》："四月子虾方满簏。"作者自注："虾子四月间有子，晒干佐酒最美。"虾籽还可以做成虾籽酱油、虾籽酱等，味美而价高。袁枚《随园食单》也有使用虾籽提鲜的记录："夏日选白净带子勒鲞，放水中一日，泡去盐味，太阳晒干，入锅油煎一面黄取起，以一面未黄者铺上虾子，放盘中，加白糖蒸之，以一炷香为度。三伏日食之绝妙。"这道菜的名字就叫虾籽勒鲞。但是干虾籽虽小，直接放进汤里去烧，短时间难以煮出鲜味，于是德兴馆厨师先将干虾籽磨成粉末再在烹饪时使用，一下子提高了大乌参的鲜味。

一时间，这道佳肴风靡了上海滩，其他饭店也纷纷仿制，海味行的海参自然成了抢手货，在上海打开了销路。这也让我们体会到，名贵的食材固然重要，但独特的加工与烹调尤其不可缺失，厨师工作的价值与创造性就体现在这里。

虾籽大乌参成了沪上名菜和德兴馆的看家菜。20世纪三四十年代鲁迅、周信芳、白杨、赵丹等许多著名人士，都曾经特意到德兴馆去品尝这道菜。国民党政府的一些军政要员，如宋子文、孔祥熙、汤恩伯、顾祝同、胡宗南、杜聿明、蒋经国等，也曾经是这里的座上客，他们特地慕名前来品尝虾籽大乌参等名菜，有的还在此设宴招待朋友。唐振常《乡味何在》记载曰："虾子大乌参入口即化，夸张一点说，不必咀嚼，可以顺流而下。蒋宋美龄最喜食德兴馆此菜，杜月笙更为常客。"虾籽大乌参在申城畅销不衰，人气不息。如今，上海老饭店和德兴馆烹调的这道名菜，在上海更是独占鳌头，深受港澳台游客，海外华侨、华人喜爱，也受到日本客人的青睐。日本银座亚寿多酒楼每年都要组织一二批有名的厨师和管理人员至该店品味，研究本帮菜肴的特色，而虾籽大乌参则是其中必不可少的一道菜。

虾籽大乌参成菜特色，色泽乌光发亮，软糯酥烂，味汁浓厚而香椿淳。梁实秋《雅舍谈吃》曰："（厨师）做好后，盛入大小不同的瓷盖碗。这样既可保温又显得美观。上桌后，店小二揭开碗盖，赫然两条大乌并排横放，把盖碗挤得满满的，汁浆很浓。保留了大乌参的条形外形，乌光发亮，一般不用配料，顶多有三五条冬笋。让食客的触觉感到极大的满足。吃这道菜不能用筷子，要用羹匙，像吃八宝饭似的一匙匙地挑取。吃在嘴里，有滑软细腻的感觉，不是一味的烂，而是烂中保有一点酥脆的味道。这道菜如果火候不到，则海参的韧性未除，隐隐然不酥，便非上乘了。"

食材

水发大乌参 300 克，干虾籽粉末 30 克，葱结 3 克，绍酒 10 克，酱油 15 克，白糖 8 克，豆油 500 克（约耗 50 克），猪油 50 克，肉汤 200 克，味精 3 克，红烧肉卤 30 克，盐适量，湿淀粉少许。

烹制工序

1. 涨发、洗净乌参，备用。

2. 炒锅上中火，倒入猪油，烧至六成熟，投入葱结炸出香味，捞出弃之，葱油倒出备用。

3. 炒锅用旺火烧热，倒入豆油，烧至八成热，将沥干水分的海参腹部朝下放在漏勺中浸入油锅爆炸，并不停轻轻晃动漏勺，使之均匀过油，直炸至海参发出轻微爆裂声、体内形成空隙，捞出沥油。

4. 炒锅内留油少许，将炸好的大乌参背朝上放入炒锅，下绍酒、酱油、白糖、虾籽粉末、红烧肉卤、肉清汤，用旺火烧开后，转小火焖烧 5 分钟，使海参更为入味，再用旺火收汁，用漏勺捞出大乌参，背朝上放在长盘子中。

5. 锅中卤汁加味精后勾芡，边淋葱油边用手勺不停搅拌，让葱油与卤汁充分融合，再放香葱段，最后把收浓的卤汁浇在大乌参上即可上桌。

水发海参前，先将干乌参放在明火上烤焦外层黑色硬皮，以不烧着参肉为度，用刀刮净黑色表皮，免得成菜留下苦涩味；之后放入冷水中浸泡八九个小时，换水后入锅加盖旺火煮沸，熄火放置 10 个小时。直至乌参发软，剥去外皮，剖开肚腹去除内脏、沙子和黄膜，洗净后再放入冷水锅中加盖用旺火煮沸，熄火焖约 2 个小时，取出除尽海参腹内残余黄膜、沙子；再放入清水浸泡若干小时。如此反复多次，直至参肉发透、参体膨松、肉质柔软而有弹性，洗净后再浸于清水之中备用。涨发乌参一般要费时 7 天。做这道菜要掌握好火候，不宜久煮，避免大乌参过于酥烂，影响外形与口感。

随息居饮食谱

【海参】

咸温。滋肾，补血，健阳，润燥，调经，养胎，利产。凡产虚、痢后、衰老、尪孱，宜同火腿或猪羊肉煨食之。种类颇多，以肥大肉厚而糯者，膏多力胜。

随园食单

【海参三法】

海参为无味之物，沙多气腥，最难讨好，然天性浓重，断不要以清汤煨也。须拣小刺参，先泡去泥沙，用肉汤滚泡三次，然后以鸡、肉两汁红煨极烂。

夏日选白净带子勒鲞，放水中一日，泡去盐味，太阳晒干，入锅油煎一面黄取起，以一面未黄者铺上虾子，放盘中，加白糖蒸之，以一炷香为度。三伏日食之绝妙。

乌参

虾籽大乌参

莼菜银鱼羹

　　由莼菜和银鱼烹制而成。辅料为豆腐和鲜猪肉。

　　莼菜，又称水葵、蓴菜、马蹄菜、湖菜、浮菜、淳菜、丝莼等，是多年生水生宿根草本。深绿色椭圆形叶子互生，长约6至10厘米，每节1-2片，浮生在水面或潜在水中，嫩茎和叶背有胶状透明物质。夏季抽生花茎，开暗红色小花。鲜嫩的茎叶能供食用，通常用来做羹汤。

　　江南人食用莼菜历史悠久，而且留下了不少佳话。南朝·宋刘义庆《世说新语》载，陆机去洛阳拜访王武子，王武子设宴款待陆机。席间，王武子指着名贵大菜羊酪问："卿江东何以敌此？"陆机回答："有千里莼羹，但未下盐豉耳！"意思是说，莼菜羹之美味，即使不加盐豉做调味品，也要胜过羊酪。莼菜羹之所以出名，还与莼鲈之思的故事有关。西晋文学家张翰，学识渊博，才华出众，受到齐王司马囧的重视，被任命为大司马东曹掾。"因见秋风起，乃思吴中菰菜、莼羹、鲈鱼脍，曰：'人生贵适志，何能羁宦数千里，以邀名爵乎？'遂命驾而归。"成语"千里莼羹"就来源于此。历代著名诗人也留下了食用莼羹的诗歌。白居易《偶吟》："犹有鲈鱼莼菜兴，来春或拟往江东。"皮日休《西塞山泊渔家》："雨来莼菜流船滑，春后鲈鱼坠钓肥。"元稹《酬友封话旧叙怀十二韵》："莼菜银丝嫩，鲈鱼雪片肥。"李渔《闲情偶寄》赞曰："水之莼，清虚妙物也。"莼菜含有丰富的胶质蛋白、碳水化合物、脂肪、多种维生素和矿物质，常食莼菜具有药食两用的保健作用。

　　谈到莼菜，通常多以为只是太湖和西湖特产、质量最为上乘，其实上海也是莼菜的著名产地之一。黄霆《松江竹枝词》："根如雉尾叶初长，千里莼羹分外香。"作者自注："莼菜，四月中'雉尾莼'，最肥美。"陈祁《清风泾竹枝词》："章莲塘东泖塔湾，采莼人在水云间。"作者自注："泖塔在泖湖中，湖产莼菜。"顾翰《松江竹枝词》："风味江乡异昔年，膻腥尽是海中鲜。那知羊酪偏腾贵，莼菜于今不值钱。"作者自注："莼菜出华亭谷及松江。"秦荣光《上海县竹枝词》："洛中客返秋风棹，味恋羹莼与脍鲈。"作者自注："张翰所思莼鲈，皆产吴淞江中。"倪倬《泖湖棹歌》："鲈鱼吃厌想纯丝，莼菜新生笋及时。"……由此可见，上海郊区亦盛产莼菜，并且采取做成菜肴，既是家常菜，又是美味佳肴。

　　银鱼原为海鱼，后洄游至太湖繁衍，是太湖名贵特产，长二寸余，体长略圆，形如玉簪，似无骨无肠，细嫩透明，色泽似银，故称银鱼，肉质细嫩，营养丰富，无鳞、无刺、无腥味，可烹制各种佳肴。杜甫《白小》："白小群分命，天然二寸鱼。细微沾水族，风俗当园蔬。入肆银花乱，倾箱雪片虚。生成犹拾卵，尽取义何如。"杨万里《谢叶叔羽总领惠双淮白二首》："宝食寡贡笑权臣，筠掩分甘荷故人。天下众鳞谁出右，淮南双玉忽尝新。未知丙冗果何似，只恐子鱼无此珍。敢遣腹腴劝年少，一杯端合寿吾亲。"张先在《吴江》一诗中，把银鱼与鲈鱼并列为鱼中珍品。清康熙年间，银鱼还被列为贡品。上海也盛产银鱼，并且因其浑体透明、晶莹白皙之故，称之为冰鱼、玻璃鱼；以其形状像一根玉做的筷子又把它叫做玉箸鱼；因桃开盛开时，银鱼最多，故又名桃花玉箸。黄霆《松江竹枝词》："石湖塘北数幽居，团泖人家画不如。晓起尽将朱网晒，筠篮叠叠卖银鱼。"作者自注："银鱼产泖西者细而美。"李行南《申江竹枝词》："还宜嫩斫浜园笋，和得桃花玉箸鲜。"作者自注："玉箸鱼长寸余，味最佳，桃开时出，故名'桃花玉箸'"。陆遵书《练川杂咏》："随钓艇沿溪路，玉箸轻看跳碧波。"倪绳中《南汇县竹枝词》："周浦银鱼玉箸鱼，片鳞游泳乐相于。"作者自注："银鱼出周浦北张江栅。玉箸鱼出周浦，骨软肉肥。"李林松《申江竹枝词》："燕子来时燕笋生，街前携到一篮轻。银线芦芽才出土，玉箸鱼儿早上罾。"杨光辅《淞南乐府》："淞南好，斗酒饯春残。玉箸鱼鲜和韭煮，金花菜好入栖摊，蚕豆又登场。"作者自注："鱼登菜花开时，软鳞柔骨，视银鱼稍长大，名菜花玉箸。"他认为银鱼就是玉箸鱼。

将银鱼烹饪成菜的历史较为悠久。王士雄《随息居饮食谱》载：（银鱼）"甘平。养胃阴，和经脉。小者胜，可作干。"袁枚《随园食单》记载了几则银鱼的做法："加鸡汤、火腿汤煨之。或炒食甚嫩。干者泡软，用酱水炒亦妙。"上海人将银鱼做主料能烹饪成很多菜。诸如：银鱼炒韭菜、银鱼炒咸菜、笋丝炒银鱼等，但最有名的还是莼菜银鱼羹。上海开埠之后，莼菜银鱼羹只出现在大饭店的菜谱上，因为这道菜制作精良，食客吃的是名气，需要含在嘴里品尝出其特有的清香和鲜味，一般小饭馆和小食摊是没有供应的。

成菜莼菜叶片嫩绿，银鱼颜色洁白，若沉若浮在浓汤之中，令人大饱眼福：充满了丰富的诗意，足令人心醉。用汤匙舀一小匙放入口中，顿觉莼菜清香嫩滑。银鱼肉质细嫩、入口鲜美。

水之莼，
清虚妙物也。

寄偶情閑

食材

莼菜 50 克，银鱼 50 克，豆腐 40 克，鲜猪肉 30 克，盐 3 克，香油 3 克，淀粉 3 克，鸡蛋清 50 克，鸡汤适量。

烹制工序

1. 莼菜切末，银鱼切小段，豆腐切小丁，猪肉切末。
2. 银鱼下锅焯水，放适量绍酒去腥，然后捞出沥干。
3. 莼菜漂洗干净后，入沸水锅里焯水，捞出过冷水。锅内高汤烧开，入莼菜、银鱼段、豆腐丁、肉末，稍煮，加适量盐调味，用淀粉勾芡，淋入蛋清，滴入香油即可。

　　莼菜和银鱼虽然营养丰富，颜色诱人，但自身鲜味不足，因此，烹制银鱼莼菜羹，味道的关键在于必须要有好汤。选用老母鸡、猪骨熬成浓浓的高汤备用。

随园食单

（银鱼）加鸡汤、火腿汤煨之。或炒食甚嫩。干者泡软，用酱水炒亦妙。

随息居饮食谱

（银鱼）甘平。养胃阴，和经脉。小者胜，可作干。

银鱼，莼菜，猪肉　　　　　　　　　　　　　鸡蛋，豆腐

白小

白小群分命，天然二寸鱼。细微沾水族，风俗当园蔬。入肆银花乱，倾箱雪片虚。生成犹拾卵，尽取义何如。

練川 雜詠

随钓艇沿溪路，玉箸轻看跳碧波。

申江 竹枝詞

还宜嫩矶浜园笋，和得桃花玉箸鲜。

南匯縣 竹枝詞

周浦银鱼玉箸鱼，片鳞游泳乐相于。

莼菜银鱼羹

清风泾
竹枝詞

章莲塘东泖塔湾，采莼人在水云间。

松江 竹枝詞

石湖塘北数幽居，团泖人家画不如。
晓起尽将朱网晒，筠篮叠叠卖银鱼。

根如雉尾叶初长，千里莼羹分外香。

上海縣 竹枝詞

洛中客返秋风棹，味恋羹莼与脍鲈。

淞南好，
斗酒饯春残。
玉箸鱼鲜和韭煮，
金花菜好入栖摊，
蚕豆又登场。

清炒虾仁

用新鲜河虾仁滑炒而成。

江南地区盛产河虾，加工方法通常为白灼或清炒，这两种烹饪法均能充分保留河虾的原汁、原味。袁枚《随园食谱》记录了"虾圆"、"虾饼"、"醉虾"与"炒虾"四种烹制方法。《调鼎集》也有记载："炒虾仁、茭白丁、脂油、盐、酒、葱花炒。酸齑菜炒虾仁。火腿小片炒虾仁。（虾仁）配栗肉块。"可见此菜早在清代末年就盛行于上海、江苏和浙江一带，是对河虾的精加工，加入不同配料，烹制出了风味各异的菜肴，大大丰富了酒店、饭店的菜谱，满足了食客对美食的需求。

随着时代的发展和饭店、酒楼的不断增多，食客对菜肴提出了有异于家常菜的要求，并且希望经常能尝到新品。于是，厨师绞尽脑汁开发新菜肴，反复实践后，烹制出了清炒虾仁——不用其他任何配料，只用河虾仁烹制，颜色洁白、鲜嫩爽口。20世纪30年代，上海许多有名的菜馆都将清炒虾仁作为高级宴会的头道热炒菜。烹饪工艺看似并不复杂：剥去虾壳、虾头，只取虾肉，加上佐料、调味品烹制。食客不仅吃起来方便，而且鲜美肉嫩，所以成为餐馆、饭店的首推菜肴。其实，要做出正宗的上海清炒虾仁有很多讲究：河虾要活剥壳，决不能用死虾；虾仁上浆要严格按顺序进行，不可有丝毫马虎；烹饪要掌握适当火候与时间：太嫩了有腥味，太老了虾仁发硬。怎样避免出现上述问题，全凭大厨在烹饪中自己逐步积累的经验和手上练出的功夫。

据说，青帮头目杜月笙对清炒虾仁情有独钟，不仅平时经常品尝，招待重要客人时，更是一道必不可少的名菜。当然烹制方法也不同于一般的饭店，特别讲究。杜府有一名上海高桥出生的主理厨房的厨师，清炒虾仁就是他的绝活。他先将新鲜个大的活河虾剥去壳和头，挑出虾线，用干毛巾抹干水分，用鸡蛋清上浆后再冷冻一小时。烹饪方法也非常讲究、别开生面：将虾仁平摊开在笊篱上，用勺子舀起滚烫的猪油反复浇淋，一边颠翻笊篱，使虾仁均匀受热，断生即装盆上桌。因此，杜府所烹制之清炒虾仁自然是其他饭店无法相比的，凡是品尝过的人无不赞不绝口。这道菜历经将百年，直至今日，还是上海有名酒店、饭店的招牌菜之一，名冠全国。

清炒虾仁最好用老柴虾，即河产雄虾：因为个大肉结实鲜美，若用籽虾，一则虾仁太小，外形欠佳；另一则浪费了虾籽，也很可惜。老柴虾有多种烹饪法：若油爆，须剪去虾之须和螯脚，洗净沥干水，如籽虾同法烹制，装入盘中色更红，外形更好看，只是肉质偏老，鲜味较差；若做盐水虾，锅内加适量水，姜片煮沸，放入洗净的河虾大火煮开，撇尽浮沫，放入绍酒后加盖略焖去腥，转小火，放入葱结、盐即成。烹制盐水虾放水不能太多，否则影响鲜味；严格掌握火候和时间，否则虾肉老而失去甜味。秦荣光《上海县竹枝词》："更爱雄虾唤老柴，双螯弯抱尺长钗。一经煮熟增红艳，色赛珊瑚枝绝佳。"作者自注："虾雄者须长数寸，前二足倍粗而长，亦称为螯。煮熟后，红艳如珊瑚枝，俗呼此种为'老柴虾'。"盐水煮老柴虾的色香味形，于此可见一斑。但老柴虾最好的做法则是剥仁清炒。

成菜色泽洁白，形状饱满，肉质鲜嫩，略带甘甜，爽滑适口，嚼起来带有弹性。

烹制法

食材

新鲜河虾仁 300 克，鸡蛋 1 个，味精 2 克，干淀粉 10 克，豆油 200 克（约耗 50 克），熟猪油、精盐少量，浓鸡汤 35 克。

烹制工序

1. 剥去柴虾头和壳，洗净，挑出虾线，沥干水分，放入冰箱冷藏片刻，取出加适量精盐稍加腌渍，使虾仁略带咸味，但不能加料酒腌渍，否则烹熟的虾仁会产生异味。

2. 用手挤出虾仁中的水分，餐巾抹干。加入干淀粉、蛋清充分搅拌，再放少量油搅拌均匀，以增加虾仁的润滑度，防止滑油时虾仁粘连。用手搅拌虾仁要先轻后重，先慢后快，有节奏地顺着一个方向转动，这样能让虾仁上劲，使得烹制的虾仁更加鲜嫩、有弹性。

3. 将上好浆的虾仁静置 5 至 10 分钟，让干淀粉充分吸收水分并紧裹虾仁。这样，入油锅时不容易脱浆。

4. 炒锅烧热，用猪油滑锅，再倒入油烧至四五成热，放虾仁滑油，至色变白、肉质挺起时即捞出沥油。

5. 炒锅留油少许，倒入配制好的卤汁烧热，下虾仁，颠翻几下即可装盘。

　　烹制清炒虾仁以漂洗、上浆最为关键；其次，要掌握恰好的火候和时间，做到断生即熟，否则虾仁受热过头则肉偏老，入口时舌尖上品尝不出鲜嫩与微甘。

上海縣

竹枝詞

更爱雄虾唤老柴，双螯弯抱尺长钗。

一经煮熟增红艳，色赛珊瑚枝绝佳。

炒虾仁、茭白丁、脂油、盐、酒、葱花炒。酸齑菜炒虾仁。火腿小片炒虾仁。（虾仁）配栗肉块。

上浆虾仁

清炒虾仁

腌笃鲜

用竹笋或冬笋、鲜猪肋条肉、咸猪腿肉以温火煨笃而成。

腌笃鲜是上海春季的时令菜肴。腌指咸猪肉，鲜指鲜猪肉，主料还有笋，上海话中的笃意思为"小火慢炖"；又可作象声词解，指用小火滚烧时锅内发出的声音，是上海笋煮肉的代表之作。笋煮肉在杭州叫咸笃鲜，在淮扬一带则称之为醃炖鲜，而以上海的腌笃鲜最为著名。不过也有名人理解错了腌笃鲜。汪曾祺：《四方食事·饮食篇》曰："鲜肉和咸肉同炖，加扁尖笋。"其实，正宗的上海腌笃鲜是不会用扁尖笋的。因为扁尖笋不如竹笋、冬笋那么鲜嫩。

不同季节所产之笋并不相同。冬笋是冬天生长在土下的嫩笋，春笋是春季出土的嫩笋，鞭笋（扁尖笋）是夏季生长在泥土中的嫩权头。笋又有不同品种：毛笋、竹笋等。笋又有不同的名称：苞、竹萌、哺鸡等。早在夏代，人们就开始食用笋，并将笋作为贡品。《诗经·大雅·韩奕》曰："其蔌维何？维笋及蒲。"将笋作为饯行之菜肴，可见自古以来，就视竹笋为上好的蔬菜。不少文人也留下了品尝笋之后称赞其美味的诗文。苏东坡曾写了多首吃笋的诗歌："故人知我意，千里寄竹萌。骈头玉婴儿，一一脱绵绷。庖人应未识，旅人眼先明。""长江绕廓知鱼美，好竹连山觉笋香。"后来传诵一时的"无竹令人俗，无肉使人瘦。若要不俗也不瘦，餐餐笋煮肉"，更是明白表示笋是苏东坡餐餐所不可少的。张元干诗歌："暗泉杂夜雨，稚笋肥晨烹。"一个肥字写出了笋的鲜美。宋代高僧赞宁写过一本食笋的专著《笋谱》，明人李渔在《闲情偶寄》"饮馔部"中，称笋为"蔬食中第一品也，肥羊嫩豕，何足比肩"。笋不但味美，还有药疗的作用，《本草纲目》指出，笋有"化热、消痰、爽胃"之功效。

笋也是上海郊区的土特产之一，文献记载极为丰富。黄霆《松江竹枝词》："待得佘山新笋出，兰芬沁齿劝加餐。"作者自注："佘山出笋，香味如兰。"张春华《沪城岁事衢歌》："解箨猫头嫩篠齐，三二竹径绿临溪。风光不减笲笥谷，烧笋呼童斸哺鸡。"作者自注："竹笋之在春末夏初者，名护麑笋，俗谓哺鸡，苏省类有之，产吾邑者尤肥嫩。"陈祁《清风泾竹枝词》："社燕刚来笋正肥。"作者自注："蚕豆、燕来笋，土产之美者。"王韬《瀛壖杂志》："笋种类甚多，皆生于春末夏初。惟'护居竹'者，为笋中第一。'燕笋'燕来时所生，形长细而味稍逊。其在哺鸡时生者，名'哺鸡笋'，色淡黄，形短而肥。诸笋虽佳，细嚼则微苦。惟此笋味甘而清，质嫩无渣，为邑中异常品。然有一种形色近似而味殊恶劣者，名'黄金铜'，恰能乱真。上海产最有名之笋为佘山之兰笋。"顾翰《松江竹枝词》："兰笋山头尽丽春，采茶娘子晓妆新。"作者自注："佘山产笋，气味如兰，康熙五十九年赐名'兰笋'。作为贡品供于皇家。"又传说清康熙皇帝特别喜食江南春笋，曹寅与其妻兄李煦，在江宁、苏州织造和两淮盐政任内，每年都向京城进贡燕来笋。

笋烧肉为一道美食，苏东坡曾说："无竹则俗，无肉则瘦，若想不俗也不瘦，天天笋煮肉。"用笋可以烧制成各种菜肴。各地常见于菜谱者，如油焖春笋、笋块红烧肉、竹笋蛋汤、干烧春笋等。袁枚《随园食单》有笋煨火肉一道菜，做法为："冬笋切方块，火肉切方块，同煨。火腿撤去盐水两遍，再入冰糖煨烂。席武山别驾云：凡火肉煮好后，若留作次日吃者，须留原汤，待次日将火肉投入汤中滚热才好。若干放离汤，则风燥而肉枯；用白水则又味淡。"火腿虽然味香扑鼻，但没有鲜味，且价钱昂贵，于是上海人将火腿肉改为咸腿肉、鲜肉加冬笋，用慢火笃而成，故被称为"腌笃鲜"，并成为上海的传统名菜。清代《上海县志》中就有相关记载。上海老饭店经营此菜已经有 80 余年的历史，制作特别精细。汤汁浓白，肉质酥肥，以鲜味胜过原来的三鲜砂锅和什锦砂锅而一举成名。20 世纪三四十年代鲁迅、周信芳、白杨、赵丹等许多著名人士，都曾经到德兴馆品尝过这道菜。腌笃鲜至今仍是上海老饭店的招牌菜。成菜腌笃鲜汤浓呈奶白色，具有咸肉的香味、又有鲜肉的鲜味，竹笋嫩腴，汤汁鲜美，充满了浓郁的江南风味。

詩經

【大雅·韩奕】
其蔌维何？维笋及蒲。

本草綱目

（笋）化热、消痰、爽胃。

閑情偶寄

【饮馔部】
（笋）蔬食中第一品也，肥羊嫩豕，何足比肩。

食材

猪肋条肉（或蹄髈）、猪咸腿肉各250克，净竹笋300克，味精2克，葱结1个，姜3片，绍酒10克，水适量，盐视汤味适量添加。

烹制工序

1. 咸肉温水清洗，刮毛、去污、洗净，用刀斩断大骨，皮朝上放入锅中，加水至淹没，先用旺火烧开，撇净油膜和碎屑，加绍酒、葱姜，用小火烧30分钟，然后将咸肉翻过来，继续用小火煮到肉皮发软时取出。

2. 乘热拆去骨头，切去咸肉四边油膘和边皮，切成长方块待用。

3. 鲜肉可用肋条或蹄髈，用温水刮洗干净，入锅浸没于水，旺火烧开后撇净油膜、碎屑，加绍酒、葱姜，加盖煮到八成熟时熄火，待汤自然冷却捞出切成长方块。

4. 选口感好、新鲜的嫩竹笋去壳切成块，与咸肉、鲜肉放入锅中，加鲜肉、咸肉原汤各一半，用大火烧开，放入少许滚烫熟猪油，促使汤汁更为浓白，再用中火笃一小时即可熄火装碗上桌品尝。

　　腌笃鲜这道家常菜在20世纪30年代的上海餐馆中逐渐定型并趋向成熟，做起来虽然简单，却也有一些讲究：咸肉一定要挑选质地紧实、干爽芳香、没有异味的。

鲜肉，咸肉，竹笋

腌笃鲜

无竹令人俗，无肉使人瘦。
若要不俗也不瘦，餐餐笋煮肉。

社燕刚来笋正肥。
竹枝词
清风泾

待得佘山新笋出，兰芬沁齿劝加餐。
竹枝词
松江

兰笋山头尽丽春，采茶娘子晓妆新。

上海糖醋小排

　　用猪肋排烧制而成。

　　糖醋小排又称糖醋排骨。前面之所以冠以上海两字，有两点因素。其一，糖醋小排是本帮菜的经典，凡是自称本帮菜的饭店菜谱上都列有这道菜名。其二，糖醋小排起源于上海。相传清朝乾隆年间，上海有一户人家，主妇正准备做饭，家中突然来了三位客人，男主人吩咐留三位客人吃饭。不巧的是这天家中事先没有准备什么菜，除了田里自种的新鲜蔬菜外，荤菜只有一块排骨，主妇就想做红烧排骨。她将排骨洗净、焯水，放冷水锅中大火烧开，中火煮至微烂捞出。热锅入油煸炒排骨，再加些白糖、盐、葱、姜和水，大火烧开。不巧的是，偏偏这天酱油刚用完，再去镇上买时间来不及了，见醋瓶子里还剩有一些醋，只能将就着用醋代替酱油均匀地倒在排骨上，稍加翻动后盛入碗里。主妇将微微飘出酸味的醋烧排骨端上桌子，心中想，客人吃了，会怎么评价呢？客人用筷子夹了一块放入嘴中尝了尝味道，连声说，好吃，好吃，酸溜溜的，从未吃过这种肉。从此糖醋小排就在民间流传开了，成为上海人餐桌上的一道佳肴，也成为全国各地饭馆、酒店菜谱上的一道名菜。袁枚《随园食单》也有关于烹制排骨的方法："取勒条排骨精肥各半者，抽去当中直骨，以葱代之，炙用醋、酱，频频刷上，不可太枯。"据文字可知，这道菜的主料虽然也是排骨，而且调味品也用了醋、酱、葱，但是实际上并不是糖醋排骨，而是烤排骨。

　　糖醋小排的特点是色泽油亮，口味酸甜。但是由于烹制方法看起来比较简单，一般的家庭自己也都会做，所以本帮菜菜谱一般不将其列入名菜之列。其实，要做出一道色香味俱全的、正宗的本帮糖醋小排，烹饪工艺是十分讲究的。这也就是正宗上海糖醋小排的特点。一般家庭做出的糖醋小排是达不到这种境界的，也就是说，他们所做的尚不能称之为是正宗的上海糖醋小排。其他各地的饭店、酒店由于厨师手上缺少这方面的功夫与经验，做糖醋小排骨时也没有那么多的讲究，相比之下，总略逊上海糖醋小排一筹。

上海糖醋小排既可作冷盘，亦可作热菜。若是冷盘，烹饪工艺就比较简单，无需那么讲究。如果是热菜，那么就能看出厨师是否有真功夫了。正宗的上海糖醋小排一定要现做现吃，方能品尝出其独特的风味。

成菜色泽油亮，外酥里嫩，酸甜适中，不油不腻。

食材

猪小排 600 克，黄酒 15 克，酱油 40 克，白糖 100 克，香醋 15 克，花生油 500 克（实耗 50 克），高汤适量。

烹制工序

1. 温水洗净排骨，切成三四厘米见方的小块，焯水后捞出。
2. 锅里加油用中火烧至五成热时放入排骨过油，炸至金黄色捞出沥干油分。
3. 锅里留少许油，下葱姜炒香，放入炸好的排骨，添洒绍酒盖上锅盖去腥，倒进酱油搅拌均匀略炒，加高汤、醋和糖，用大火烧开，小火闷煮至汤汁浓稠发亮。
4. 再加醋翻炒，即可起锅装盆。

　　选料要精，最好用肋排，所谓肉贴骨头。正宗的上海糖醋小排烹饪工艺中有两点最为讲究。其一，醋要分两次下。第一次下醋是为了去腥添香，行语称之为闷头醋，因为醋受热容易挥发，所以为了增加酸味，必须在起锅前再加一次醋，行语称之为响醋，上海糖醋小排中的醋味就靠这第二道醋来体现，否则成菜就会没有酸味而偏甜。其二，上海糖醋小排采用自来芡工艺，不加芡粉，而是利用火候的变化，使得汤汁自然形成"浓稠如胶、滑润似漆"，紧紧裹住排骨。

肋排

上海糖醋小排

糟钵头

用猪内脏加香糟卤炖制而成。

据传，糟钵头的创始人为上海浦东三林塘的徐三。三林塘是上海厨师辈出的地方，被称为本帮菜的摇篮，而糟钵头又是当地的一道名菜。清杨光辅《淞南乐府》有较为详细的记录："淞南好，风味旧曾谙。羊胛开尊朝戴九，豚蹄登席夜徐三，食品最江南。"作者自注"迩年肆中以钵贮糟，入以猪耳、脑、舌及肝、肺、肠、胃等，曰：'糟钵头'，邑人咸称美味。"据此可知，徐三原来擅长煮猪脚，后来他将猪内脏煮熟，再用酒糟腌渍，存放于钵头之中。这样烹制出的菜就叫糟钵头，被当地人称为是江南有名的美味。王韬在《瀛壖杂志》中也有相似的记录。浦东农民早有喜食猪内脏的习惯，但由于他们的烹饪方法简单粗糙、不到位，终究成不了美食的气候。之后，该道菜流传至市区酒肆饭店，加工工艺有了改进，由原先的糟卤菜变为了汤菜：取用猪肺、直肠、猪肚、猪肝、猪爪等为原料，加鲜汤、香糟卤，放入小钵头里炖制而成汤菜。其味甚佳，糟香浓郁，清鲜可口。清代光绪年间，上海老板店、德兴馆等本帮菜馆所烹制的糟钵头已盛名沪上。

此后，随着客人的增多和对传统菜肴进一步精制的需求，德兴馆的厨师对糟钵头的原料和制作工艺作了进一步改进。

做好糟钵头的关键是要有好的糟卤。当时饭店通常使用市售的糟卤，味道欠佳，缺少特色。德兴馆厨师经过反复试制，配制出了特制糟卤。取上海最著名的老大同产酒糟按比例兑入优质花雕酒，并放入适量老陈皮和葱段、姜片，充分搅和拌匀成糟泥，然后饧一个晚上。第二天用多层纱布包住糟泥过滤出酒糟。头道糟卤颜色稍浑浊，但味道浓香，可供汤菜糟钵头使用。若用多层纱布再过滤一次，取得的糟卤清澈见底，味浓而纯正，可供卤菜糟钵头使用。

当时，糟钵头通常作为宵夜之食，价廉物美，最受夜间干活的小工欢迎。德兴馆易主后就大量烹制这道菜，并在用料上加以改进。猪内脏味道虽佳，但鲜香味不足，若仔细品尝，舌尖上总留有一丝内脏的异味。于是厨师在配料中增加了火腿片，大大增加了汤的香味，也去除了内脏的异味；在主料上减少或去掉一些人们不喜食的猪肺等物，因而在20世纪二三十年代，糟钵头成为德兴馆的招牌菜之一，在同行中口碑最好，食客甚多。

为了减少食客等待的时间，用传统的小钵头炖制法满足不了大批顾客食用糟钵头的需求。德兴馆的厨师从40年代起，就改为先用鲜汤烧熟猪内脏，顾客点菜后再放入砂锅炖熟，这样迅速方便，又不失本来特色，其味亦佳，食客赞不绝口。当时，青帮大亨杜月笙常去德兴馆吃饭或请客，每次都会点上很多菜，糟钵头则是必不可少的。更多的时候，他会让德兴馆派人把菜送到府上，而糟钵头自然也是必点之菜。鲁迅、周信芳、白杨、赵丹等许多著名人士，都曾经到德兴馆去品尝过这道菜。1949年4月，杜月笙去了香港，在新的环境中经常想起德兴馆的美味糟钵头，特地派原账房黄国栋来到上海，经协商，店方特意安排了两名厨师绕道第三国去香港为杜月笙烹制了这道菜，成为上海饮食史上的一段佳话。光阴迅速，世道沧桑，现在的上海人如何评价糟钵头这道菜呢？1989年春节，有旅美影星曾到上海老饭店品尝家乡菜，吃了糟钵头后，大为赞赏："真想不到这家乡菜的'糟钵头'味道实在好极了。"这说明了，一道色、香、味俱全的菜肴是富有生命力的，将近200多年过去了，依然能够吸引众多的食客，在本帮菜中，糟钵头历史最为悠久。如今由于社会上传言猪内脏胆固醇高不利身体健康而食客有所减少，但是美食家依然喜欢食用这道菜，并给予很高评价。

　　成菜汤色乳白，香糟味扑鼻，猪内脏入口鲜香而酥软，别有风味。

食材

猪肺 750 克，猪肝、猪大肠、猪肚、猪心、猪脚各 100 克，笋片 25 克，火腿 50 克，油豆腐 20 克，鲜肉汤 750 克，糟卤 50 克，味精 2.5 克，精盐 10 克，熟猪油 50 克，葱结、姜片、绍酒、青蒜叶各适量。

烹制工序

1. 将猪肺、猪肝、猪大肠、猪肚、猪心、猪脚等猪下水分别洗净、焯水后，放在冷水锅中煮熟，再将各种内脏及猪爪切成小条或小块，放入砂锅，加鲜肉汤、酒、葱、姜片，用大火烧沸后，入绍酒去腥，转用小火炖半小时。
2. 待猪内脏酥软，再加入笋片、淋上熟猪油、香糟卤，撒上青蒜叶，则可装入容器端上桌供客人品尝。

　　猪肺、猪肝、猪大肠、猪肚、猪心、猪脚等俗称猪下水，异味较重，所以价格比较便宜，有些人不喜欢食用。不同的猪下水去异味和清洗的方法并不相同。猪耳和猪脚要用刀刮净沾在表皮上的脏物和猪毛、猪肚和猪大肠要加盐或面粉多次用手搓洗净粘液、猪肺要反复灌水冲去杂物和血水、猪肝要卤煮。做好这道菜的关键，是按适当比例在酒糟中加入花雕酒，制成特色糟卤：糟卤中的酒放少了，则酒香味不足；酒放多了，则少了自然鲜味，较合适的比例是一包糟泥配上三四瓶花雕酒。若用市售糟卤，则成菜味道较淡。

三林塘

三林塘是上海厨师辈出的地方，被称为本帮菜的摇篮。

猪肚

猪心

猪大肠

猪肺、猪肝、猪大肠、猪肚、猪心、猪脚

糟钵头

淞南好，
风味旧曾谙。
羊胛开尊朝戴九，
豚蹄登席夜徐三，
食品最江南。

参考
文献

曾羽王：《乙酉笔记》，上海市文物保管委员会，1961 年。

吴贵芳：《上海风物志》，上海文化出版社，1982 年。

周三金：《老正兴名菜谱》，中国商业出版社，1988 年。

沈　阳：《上海掌故集锦》，百家出版社，1992 年。

周三金：《上海名店名菜谱》，金盾出版社，1993 年。

唐振常：《饕餮集》，辽宁教育出版社，1995 年。

曹聚仁：《上海春秋》，上海人民出版社，1996 年。

任百尊：《中国食经》，上海文艺出版社，1999 年。

顾炳权：《上海历代竹枝词》，上海书店出版社，2001 年。

徐正才：《锅台漫笔：烧菜与唱戏》，上海文化出版社，2003 年。

贾　铭：《饮食须知》，三秦出版社，2005 年。

童岳荐：《调鼎集》，中国纺织出版社，2006 年。

周三金：《上海老菜馆》，上海辞书出版社，2008 年。

汪曾祺：《四方食事·饮食篇》，中国文联出版社，2009 年。

袁　枚：《随园食单》，中华书局，2010 年。

王自强：《记忆上海：南京路百年老店》，上海三联出版社，2011 年。

金开诚：《中国八大菜系》，吉林文史出版社，2012 年。

三　毛：《民国吃家》，上海人民出版社，2014 年。

薛理勇：《上海掌故大辞典》，上海辞书出版社，2015 年。

周　彤：《本帮味道的秘密》，学林出版社，2015 年。

上海市餐饮烹饪行业协会：《中国海派美食》，上海科学普及出版社，2015 年。

跋

本帮菜起源于上海本地的农家菜，随着历史的发展，至迟在唐朝已得到很大发展，形成了独有的特色。唐置青龙镇，该地一度成为当时东南通商大邑；宋置市舶司，青龙镇成为对外贸易港口，也是上海贸易中心，在北宋熙宁年间，青龙镇已是我国东南沿海的通商大镇，有26坊、22桥、3亭、7塔、13寺院，镇上设有官署、学校、酒务、茶楼、酒肆等，屋宇鳞次栉比，热闹非凡，可与南宋京城临安相媲美。据文献记载，在南宋末和元初上海已有酒馆、饭店出现，当时统称为"酒馆"。这表明，农家菜已经进入了一个发展时期，由专业人员——厨师对食材进行深加工。明末上海曾羽王撰《乙酉笔记》曰："余七八岁时，为万历四十六七年。海味之盛，每宴客必十余品，且最美如河豚，止五六分一副耳。"屏山主人《松江院试竹枝词》："呼朋结队吃悬东，个个新公未脱空。出水鲈鱼烧嫩笋，香醪另卖状元红。"记载了一群读书人结束考试之后，好不容易卸下了心头沉重的担子，一起来到酒店里大吃一顿，点的第一道菜就是春笋烧鲈鱼。可见，当时这道菜当时已成为松江地区酒馆、饭店的招牌菜，享有盛名。此外，专门替人操办婚丧嫁娶、庆生寿辰的"铲刀帮"既为农家操办了宴席，用手艺养活了一家老小，同时也推动了本帮菜的发展。

经过漫长的历史发展时期，直至 20 世纪二三十年代，本帮菜进入了鼎盛时期。曹聚仁在《四时新与老正兴》一文中说："在抗战中，上海成为孤岛，忽然盛行起本帮菜来，最老那一家，便是二马路山东路上的老正兴。菜以红烧味最好，如秃肺、圈子、腌鲜汤、黄豆汤，还有干切咸肉。这一来，老正兴也就风行一时。胜利后回到上海，之间金城老正兴、大上海老正兴、罗曼老正兴、雪园老正兴，满街可见。"唐振常《乡味何在》亦说："尽管早有'食在广州'之说，那主要是对广东菜、茶食或者也包括潮州菜在内的赞美，如论各帮饮食的丰富，近代以来，广州绝不如上海。"曾有人统计，当时上海大大小小共有 120 多家饭店、酒楼以老正兴命名，由此亦可见当时本帮菜盛行之一斑。

从理论上来说，一种菜系的形成需要具备四种条件：①、具有某一个地方的特色，与其他菜系相区别。②、品种丰富，并且具有足以自夸的拿手菜肴，能够与其他菜系并驾齐驱、独树一帜，得到社会知名人士的夸奖和推荐。③、具有若干家大店，能够举办大规模的宴席。四、有几代师承关系，使得这帮菜系有进一步的发展。可以说，20 世纪二三十年的本帮菜已经具备了这些条件，并且对其他地区的餐饮业产生了影响。曹聚仁《四时新与老正兴》一文中说："香港有一家菜馆'四时新'，说是上海馆子。""老正兴变成本帮菜的代名词了。香港九龙也有好多家老正兴。"可见本帮菜对各地的影响。

本帮菜是在上海独特的历史、环境、特产等条件下，经过一代又一代的厨师的不懈努力、精心烹制才发展和形成的，是饮食史上的宝贵财富，也是值得继承和发展的"非物质文化遗产"，对于今后发展中国的饮食文化具有极好的参考、借鉴作用。我们能够用一句话来概括本帮菜形成的特点：海纳八派精华，自成一家特色。本帮菜是在流传了几千年的本地菜的基础上，吸收了各派菜系的特色而发展、形成的。

但是，遗憾的是，原本应该得到进一步发展的本帮菜，却在近年来渐渐不再是上海餐饮业的主流，一些有名的饭店也关门歇业了。经历了上海解放、公私合营、"文化大革命"、改革开放等诸多的风风雨雨之后，当年的120多家老正兴饭店，因种种原因歇业、合并、整体迁出，唯一留下来的是夏顺清创办的老正兴菜馆；1993年，同泰祥酒楼因城市改造，迁至金陵东路317号继续营业，1995年，因餐饮业网店调整而歇业，这是本帮四大名店之中已不存在的一家老店；90年代后期，合兴酒楼因市政建设和老镇改造而关门歇业……。更多的不太著名的本帮老餐馆在改革开放以后的八九十年代关闭了。

这是什么原因造成的？现在上海的餐饮业已经不再重视前人所创造的成就，而是跟风转，什么菜肴好销就改卖什么菜，食客喜欢什么就改做什么。唐振常《帮派乱套——食道大乱之三》云："从上海看，前若干年本来就已帮派乱了套，求同而不立异，在饮食上也变现为大一统之道。忽然一段时间，粤菜实际上是港派大流行，一时之间，大小饭店群起而生猛海鲜之。海鲜诚然是美味，大家都卖美鲜，还有什么情趣？后来生猛海鲜不叫座了，谁也说不清楚有些饭馆是什么帮，于是别出心裁，在店门前大标榜为'海派特色'。搞了几十年，究竟海派文化是个什么，谁也说不清楚。现在多了个海派菜肴，自然更莫名其所以了。去年开始，忽然风行所谓四川火锅，大小饭馆群起而从，四川麻辣火锅惊动沪上，甚至有什么鸳鸯火锅之名，即火锅之一半为辣味，一般为淡味。曾几何时，现在四川火锅亦复偃旗息鼓了。此后再搞什么一锅蜂，天知道！""总的来说，是帮次乱套而阙如。所幸稍有几家堪称有特色的菜馆在为上海撑市面。本帮菜之佳者，当推德兴馆。"唐振常《乡味何在》又说："总述一句，今之上海饮食，概括说，是菜系杂乱而多侉，饭馆建筑富丽堂皇大胜往昔，真要吃其味，难矣哉！""本帮菜不卖肉丝黄豆汤，说是赔钱，……有一时竟然卖起了北京烤鸭，杂乱之尤也。"

这种情况的出现，对于本帮菜及其他菜系都是很遗憾的。但是，上海人留恋本帮菜，上海人喜欢本帮菜，这是一个不争的事实。近年来新开办了不少以本帮菜或老上海命名的餐馆、酒店，虽然规模不大，烹饪的也难以说是正宗的上海菜，但是却吸引了众多的食客，许多离开上海几十年返回上海的名人总要到上海老饭店等饭店、酒楼去品尝本帮菜，赞誉本帮菜的美味。

为了使得本帮菜精湛的厨艺以及有名的菜肴能得到传承，并发扬光大，我们从本帮菜中精选了28道经典的代表性菜肴，编撰成此书。目的在于保留本帮菜的经典菜肴，让学生掌握本帮菜的工艺及特点。在编写体例上增加了文化知识的内容，不仅要教会学生怎样学会做这些菜，而且要求学生了解和掌握这些经典菜肴中的文化底蕴，以增加学生对相关文化知识的了解，学习前辈为发展本帮菜兢兢业业的专研精神。因此，本书可作为上海市曹杨职业技术学校烹饪专业学生学习本帮菜的教材，同时也可以作为对本帮菜有兴趣的读者的参考书，还可作为本帮菜研究者的参考资料。

为了让这本教材具有独自的特色，我们改变了以往烹饪书只讲烹调方法的惯例，而是首从传授文化知识的角度入手，再介绍具体菜肴的烹制法，其目的是为了增强教材的文化知识与趣味性，这有异于目前出版的本帮菜教材。但俗语说"百密而一疏"，限于编撰者学术水平有限，遗缺资料不少，书中舛误在所难免，一些观点也还值得商榷的。若有不足之处，敬请专家和美食家不吝批评指正，以供我们再版时修订。在编写本教材过程中，我们借鉴和参考了专家、学者的研究成果，相关书名和作者附录于参考文献之中，在此深表感谢。

海纳
百川